机电集成技术（中级）

主　编　王东辉　金宁宁　朱永宽
副主编　马延立　董　延　苗志毅　张大维
参　编　武　同　黄金磊　薛誓颖

北京理工大学出版社
BEIJING INSTITUTE OF TECHNOLOGY PRESS

内 容 简 介

本书的编写以《工业机器人集成应用职业技能等级标准》为依据，围绕机电集成技术行业领域工作岗位群的能力需求，充分融合课程教学特点与职业技能等级标准内容，进行整体内容的设计。本书采用新型活页式印刷，更加强调知识和任务操作之间的匹配性，以机电集成技术应用中典型工作任务为主线，以项目化、任务化形式整理教学内容，采用知识页、任务页展现任务内的理论知识与职业技能，使读者可以根据岗位需求读取、掌握对应的知识和任务实施技能。

本书内容包含机电集成系统设计、工业机器人程序开发、机电集成系统周边设备程序开发、机电集成系统调试与优化和工业机器人集成系统维护与维修，共计 5 个领域的实训项目。项目包含若干任务，配备包含项目知识测试和职业技能测试在内的项目评测，任务内包含若干知识页和任务页，便于教学的实施和重点内容的掌握。

本书适合用于 1+X 证书制度试点教学、相关专业课证融通课程的教学，也可以应用于机电集成技术相关应用企业的培训等。

版权专有　侵权必究

图书在版编目(CIP)数据

机电集成技术：中级 / 王东辉，金宁宁，朱永宽主编. -- 北京：北京理工大学出版社，2021.11
　ISBN 978-7-5763-0581-4

Ⅰ. ①机… Ⅱ. ①王… ②金… ③朱… Ⅲ. ①机电系统-系统设计 Ⅳ. ①TH-39

中国版本图书馆 CIP 数据核字(2021)第 220396 号

出版发行 / 北京理工大学出版社有限责任公司
社　　址 / 北京市海淀区中关村南大街 5 号
邮　　编 / 100081
电　　话 / (010)68914775(总编室)
　　　　　(010)82562903(教材售后服务热线)
　　　　　(010)68944723(其他图书服务热线)
网　　址 / http://www.bitpress.com.cn
经　　销 / 全国各地新华书店
印　　刷 / 定州市新华印刷有限公司
开　　本 / 889 毫米×1194 毫米　1/16
印　　张 / 16　　　　　　　　　　　　　　　责任编辑 / 陆世立
字　　数 / 322 千字　　　　　　　　　　　　 文案编辑 / 陆世立
版　　次 / 2021 年 11 月第 1 版　2021 年 11 月第 1 次印刷　责任校对 / 周瑞红
定　　价 / 56.00 元　　　　　　　　　　　　 责任印制 / 边心超

图书出现印装质量问题，请拨打售后服务热线，本社负责调换

前言

2019年4月10日，教育部等四部委联合印发《关于在院校实施"学历证书+若干职业技能等级证书"制度试点方案》，部署启动了"1+X"证书制度试点工作，以人才培养培训模式和评价模式改革为突破口，提高人才培养质量，夯实人才可持续发展基础。《工业机器人集成应用职业技能等级标准》等与机电集成技术高度相关的职业技能等级证书的出现，为职业教育提供了可供遵循的职业技能标准。"1+X"证书制度是适应现代职业教育的制度创新衍生的，其目标是提高复合型技术技能人才培养与产业需求契合度，化解人才供需结构矛盾。

智能制造已成为机械工业调结构、转方式、换动能的重要引擎。工业改革升级成为推动我国国民经济发展的主要驱动力。如何实现智能制造产业，是当今我国工业改革中重点关注的问题。随着智能技术的不断发展和普及，传统硬性生产线生产精度低、人工投入量大、能耗高等缺点日益突出。为了解决这一问题，工业生产线正在发生很大的变化，不断朝向FMS、FMC柔性制造生产线方向发展，以工业机器人为操作主体，通过智能终端统一控制生产线，实现智能制造模式。2020年4月24日，人力资源社会保障部会同市场监管总局、国家统计局发布智能制造工程技术人员等16个新职业信息，数百万智能制造工程技术从业人员将以职业身份正式登上历史舞台。智能制造技术包括自动化、信息化、互联网和智能化四个层次，其中机电集成技术是智能装备中不可或缺的重要组成部分。

为了应对智能制造领域中机电集成技术相关的机械安装调试、电气安装调试、操作编程、运行维护等岗位职业的人才需求缺口，广大职业院校陆续开设了相关的课程，专业的建设需要不断加强与相关行业的有效对接，1+X证书制度试点是促进技术技能人才培养培训模式和评价模式改革、提高人才培养质量的重要举措。

河南职业技术学院参照1+X工业机器人集成应用职业技能等级标准，协同北京华航唯实机器人科技股份有限公司、许昌职业技术学院共同开发了本套教材，河南职业技术学院王东辉、金宁宁、朱永宽任主编。具体编写分工为：河南职业技术学院王东辉编写任务1.1，河南职业技术学院金宁宁编写任务3.1，河南职业技术学院朱永宽编写任务3.2、任务4.2和任务5.4，许昌职业技术学院马延立编写任务2.2，河南职业技术学院董延编写任务2.1、任务2.4

和任务5.1，河南职业技术学院武同编写任务4.1、任务5.2和任务5.3，河南职业技术学院黄金磊编写任务2.3、任务3.3和任务4.3，河南职业技术学院薛誓颖编写任务1.2，河南职业技术学院苗志毅负责统稿，北京华航唯实机器人科技股份有限公司张大维负责审稿。本书在编写过程中得到了北京华航唯实机器人科技股份有限公司刘浪、庞浩等工程师的帮助，他们提供了大量案例素材。同时我们还参阅了部分相关教材及技术文献内容，在此一并表示衷心的感谢。

本套教材分为初级、中级、高级三部分，以智能制造企业中机械安装调试、电气安装调试、操作编程、运行维护等岗位相关从业人员的职业素养、技能需求为依据，采用项目引领、任务驱动理念编写，使用知识页、任务页的活页式展现知识内容和技能内容，以实际应用中典型工作任务为主线，配合实训流程，详细地剖析讲解以工业机器人为主体的智能制造领域中机电集成技术岗位所需要的知识及技能。培养具有安全意识，能理解机电集成系统技术文件，能完成机电集成系统虚拟构建，能根据机械装配图、气动原理图和电气原理图完成系统安装，能遵循规范进行程序开发与调试的能力。

本书采用新型活页式印刷，更加强调知识和任务操作之间的匹配性，通过资源标签或者二维码链接形式，提供了配套的学习资源，利用信息化技术，采用PPT、视频、动画等形式对书中的核心知识点和技能点进行深度剖析和详细讲解，降低了读者的学习难度，有效提高学习兴趣和学习效率。

由于编者水平有限，对于书中的不足之处，希望广大读者提出宝贵意见。

编　者

2021年5月

目录

项目一　机电集成系统设计 ·· 001（1—1）

　任务1.1　机电集成系统设计 ·· 002（1—2）

　　　知识页——工装夹具认知 ·· 002（1—2）

　　　任务页——机电集成系统设计 ·· 005（1—5）

　任务1.2　机电集成原理图绘制 ·· 014（1—14）

　　　知识页——工作站气动原理图绘制 ·· 014（1—14）

　　　任务页——机电集成原理图绘制 ·· 019（1—19）

　项目评测 ··· 034（1—34）

项目二　工业机器人程序开发 ·· 037（2—1）

　任务2.1　工业机器人系统通信配置 ·· 038（2—2）

　　　任务页——工业机器人集成系统通信规划 ·· 038（2—2）

　任务2.2　工业机器人中断程序编程与调试 ·· 050（2—14）

　　　任务页——工业机器人中断程序编程与调试 ·· 050（2—14）

　任务2.3　工业机器人搬运案例程序编写与调试 ·· 056（2—20）

　　　知识页——工业机器人搬运案例程序的动作出发指令 ·························· 056（2—20）

　　　任务页——工业机器人搬运案例程序编写与调试 ································ 059（2—23）

　任务2.4　工业机器人装配案例程序编写与调试 ·· 073（2—37）

　　　任务页——工业机器人装配案例程序编写与调试 ································ 073（2—37）

　项目评测 ··· 086（2—50）

项目三　机电集成系统周边设备程序开发 ·· 091（3—1）

　任务3.1　PLC程序编写与调试 ·· 092（3—2）

知识页——PLC程序功能规划 092（3—2）
　　任务页——PLC程序编写与调试 094（3—4）
任务3.2　触摸屏程序编写与调试 106（3—16）
　　任务页——触摸屏程序编写与调试 106（3—16）
任务3.3　视觉检测模板设置与调试 115（3—25）
　　任务页——视觉检测模板设置与调试 115（3—25）
项目评测 125（3—35）

项目四　机电集成系统调试与优化 129（4—1）

任务4.1　机电集成系统虚拟仿真 130（4—2）
　　任务页——机电集成系统虚拟仿真 130（4—2）
任务4.2　电机参数设置 167（4—39）
　　知识页——电机参数 167（4—39）
　　任务页——电机参数设置 172（4—44）
任务4.3　传感系统调试 181（4—53）
　　知识页——传感器调试 181（4—53）
　　任务页——传感系统及调试 183（4—55）
项目评测 189（4—61）

项目五　工业机器人集成系统维护与维修 191（5—1）

任务5.1　工作站维护系统维护 192（5—2）
　　知识页——工作站安全机制的触发与恢复 192（5—2）
　　任务页——工作站系统数据和文件的备份与恢复 194（5—4）
任务5.2　工作站机械故障维修 214（5—24）
　　任务页——工作站机械故障维修 214（5—24）
任务5.3　工业机器人系统故障维修 221（5—31）
　　知识页——工业机器人系统报警信息识别 221（5—31）
　　任务页——工业机器人系统故障维修 223（5—33）
任务5.4　工作站电气系统故障维修 227（5—37）
　　任务页——工作站电气系统故障维修 227（5—37）
项目评测 246（5—56）

参考文献 248

项目一

机电集成系统设计

项目导言

本项目主要从工作站方案适配、工作站原理图绘制和工作站说明文件编制这三部分来认知机电系统集成设计。工作站方案适配任务需在充分理解工作站方案说明书的基础上进行，根据方案说明书描述的功能要求，进行相应机械、电气零部件的适配选择，选择经济合适的工装夹具、外围设备和传感设备，从而满足系统集成全部功能需求。在完成工作站方案适配后，使用CAD绘图软件，对工作站的机械、气动、电气原理图进行合理的设计绘制，为正确制造、安装、调试和维修集成系统提供必要的技术支持。

工业机器人集成应用职业等级标准对照表

工作领域	工业机器人系统集成设计			
工作任务	工作站方案适配		工作站原理图绘制		
任务分解	工装夹具适配	外围电气设备适配	工作站机械装配图绘制	工作站气动原理图绘制	工作站电气原理图绘制
项目实施 职业能力	\multicolumn{5}{l}{1.1.1 能根据工业机器人的技术参数，结合集成应用的场景，选择经济、合适的工装夹具。 1.1.2 能根据常见品牌的PLC、触摸屏、电机等外围设备性能特点，结合不同应用需求，进行集成方案适配。 1.1.3 能根据常见品牌的视觉、力觉、接近觉等传感器性能特点，结合不同应用需求，进行集成方案适配。 1.2.1 能用CAD软件绘制工作站的机械装配图。 1.2.2 能用CAD软件绘制工作站的气动原理图。 1.2.3 能用CAD软件绘制工作站的电气原理图。}

任务 1.1　机电集成系统设计

在机电集成系统工作站的开发阶段，需要根据工作站功能需求，对工作站的结构进行合理设计，对设备进行合理选型。如图 1-1 所示为"智能制造单元系统集成应用平台"工作站。

知识页——工装夹具认知

工装即工艺装备，是指制造过程中用到的各种工具的总称，包括刀具、夹具、模具、量具、检具、辅具、钳工工具、工位器具等。工装分为专业工装、通用工装、标准工装等，而夹具是装夹固定工件（或引导刀具）的装置。

图 1-1　智能制造单元系统集成应用平台

1. 工装夹具分类

工装夹具一般按以下几种方法进行分类：

①按夹具所适用的工艺过程分为：机床夹具、装配夹具、焊接夹具、检测夹具等；

②按夹具的通用程度和特点分为：通用夹具、一次性使用夹具、多次重复使用夹具、独立的传动装置等；

③按夹具的结构特点分为：专用夹具、组合夹具、可调整夹具等；

④按夹紧装置的动力源分为：手动夹具、气动夹具、液压夹具、电磁夹具、电动夹具、真空夹具等。

2. 末端执行器分类

（1）末端执行器定义

末端执行器指的是任何一个连接在机器人边缘（关节）具有一定功能的工具。这可能包含机器人抓手、机器人工具快换装置、机器人碰撞传感器、机器人旋转连接器、机器人压力工具、顺从装置、机器人喷涂枪、机器人毛刺清理工具、机器人弧焊焊枪和机器人点焊焊枪等。机器人末端执行器通常被认为是机器人的外围设备、机器人的附件。

（2）末端执行器分类

从使用功能来分类，末端执行器分为拾取工具和专用工具。本文所述安装在工业机器人末端的拾取工具亦是一种工装夹具。

拾取工具可分为机械式夹持末端执行器和吸附式末端执行器，如图 1-2 所示，可实现工业机器人对工件的灵活装夹。

机械式夹持　　　　　　　　吸附式

图 1-2　拾取工具

目前在工业生产应用中，机械夹持式拾取工具使用较多。机械夹持式拾取工具多为双指头爪式，如果按手指的运动形式进行分类，可以分为平移型和回转型；若按照机械夹持方式分类，可以分为外夹式和内撑式；若按照动力源进行分类，可以分为电动式（电机驱动）、液压式与气动式（气压驱动）以及多形式的组合。

吸附式末端执行器（又称吸盘），有气吸式和磁吸式两种。气吸式末端执行器利用吸盘内负压产生的吸力，吸取对象再由机器人搬运移动；磁吸式末端执行器分为电磁吸盘和永磁吸盘两大类，是指利用磁场作用进行工件拾取的工具。相较于气吸式末端拾取工件而言，磁吸式末端拾取工具在应用中具有更高的局限性，因为其作用对象需是具有铁磁性的工件。

专用工具是指只适用于某种制品（零件）的特定工序上的工具。例如焊接工具、打磨抛光工具、喷涂工具等，如图 1-3 所示为常见的专用工具。

焊接工具　　　　　　　　抛光工具

图 1-3　专用工具

3. 快换装置认知

工业机器人快换装置是可以使机器人自动更换不同的末端执行器或外围设备的装置，无须人为机械式更换，快换装置的应用使机器人更具柔性。工具快换装置通常包含一个主端口安装于机器人侧，还包括一个被接端口（工具侧）安装在末端执行器上，如图 1-4 所示。

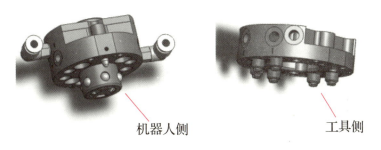

机器人侧　　　　　　　　工具侧

图 1-4　快换装置

知识测试

一、单项选择题

1. 夹具是装夹固定工件（或引导刀具）的装置，下列选择项中不是按夹具所适用的工艺过程进行分类的是(　　)。

   A. 机床夹具　　　　　　　　　　　B. 装配夹具

   C. 电磁夹具　　　　　　　　　　　D. 焊接夹具

2. 通过对摄像机拍摄到的图像进行图像处理的传感器称为(　　)。

   A. 力觉传感器　　　　　　　　　　B. 位置传感器

   C. 视觉传感器　　　　　　　　　　D. 温度传感器

3. 下列驱动方式中，由高精度缸体和活塞一起完成的是(　　)。

   A. 液压驱动　　　　　　　　　　　B. 气压驱动

   C. 电机驱动　　　　　　　　　　　D. 多形式的组合

4. 下列选项中属于电磁式直流电机的是(　　)。

   A. 绝缘直流电机　　　　　　　　　B. 永磁式同步电机

   C. 并励式直流电机　　　　　　　　D. 串励式直流电机

5. 工作站仓储单元中，为了检测每个仓储工位是否有工件存在，使用的传感器是(　　)。

   A. 光电传感器　　　　　　　　　　B. 测力传感器

   C. 视觉传感器　　　　　　　　　　D. 颜色传感器

二、简答题

1. 简述工装夹具按照夹紧装置的动力源种类。

2. 简述末端执行器定义。

任务页——机电集成系统设计

工作任务	机电集成系统设计	教学模式	理实一体
建议学时	参考学时共 14 学时，其中相关知识学习 6 学时；学员练习 8 学时	需设备、器材	工业机器人集成应用平台
任务描述	在工业机器人集成系统工作站的开发阶段，需要根据工作站功能需求，对工作站的结构进行合理设计，对设备进行合理选型		
职业技能	1.1.1 能根据工业机器人的技术参数，结合集成应用的场景，选择经济、合适的工装夹具。 1.1.2 能根据常见品牌的 PLC、触摸屏、电机等外围设备性能特点，结合不同应用需求，进行集成方案适配。 1.1.3 能根据常见品牌的视觉、力觉、接近觉等传感器性能特点，结合不同应用需求，进行集成方案适配		

1.1.1 工装夹具适配

任务实施

1. 工装夹具选择方法

（1）工装夹具选择基本原则

①所选的夹具系统应保证满足该零件的工艺过程要求和相应的技术条件，同时还要保证生产准备工作的时限要求；

②应遵循所选用的夹具系统符合_____的原则。一般情况下，大批量生产可以允许采用专用夹具系统；单件小批生产尽量采用_____和通用可调整夹具系统；成批生产条件下可采用_____可调整夹具系统；样品试制阶段尽量采用组合夹具系统；

③当批量界限不够明确而量产、批量不低时，应按夹具系统经济分析的方法对夹具的工艺工序费用进行分析，缩短其投资回收期且提高经济效益；

④尽量采用商品化的夹具系统和夹具零部件。

（2）工装夹具选择步骤

①了解工装夹具的功能需求及夹具应用的工件，包括工件的几何结构特征，还有加工工件的基准、定位关系、工艺工序类型等；

②_____；

③根据选择夹具的基本原则，确定适合工艺要求的夹具系统；

④根据现有商品化夹具及零部件，尽量选用及采购现有产品，力求减少企业自制夹具的数量。

2. 工装夹具适配

（1）工装夹具功能需求

已知夹持工件是汽车轮毂模型，铝合金材质，表面平整，质量在 0.5kg 左右，并且正反两面的特征不同，如图 1-5 所示。

根据工艺流程，轮毂需要经过打磨、检测、加工等工序，现需要选取不同的夹具以实现对轮毂正反两侧的不同位置的夹取，并且需要保证工业机器人在夹持轮毂状态下进行高速运动时能稳定夹持轮毂。

分析工作站的工艺流程，对于不同的工序，工装夹具需要对轮毂有不同的夹持要求，具体如下：

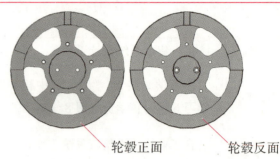

图 1-5　汽车轮毂模型正反面特征

①工业机器人在仓储单元、打磨单元需要准确抓取轮毂，轮毂放置朝向有正反两个朝向。

②工业机器人在加工单元、压装单元需要准确抓取轮毂，轮毂正面朝上放置。

③工业机器人抓取轮毂在视觉相机处进行视觉检测时，检测范围为轮毂正、反两面，所以夹持方案应满足轮毂两种状态下的夹持。

④车标安装时，需要工业机器人拾取车标。

(2) 工装夹具的安装环境

工作站中选用的工业机器人型号为 IRB120 的机器人，它的承重能力是 3kg。工业机器人关节轴 6 轴处法兰的机械接口如图 1-6 所示。

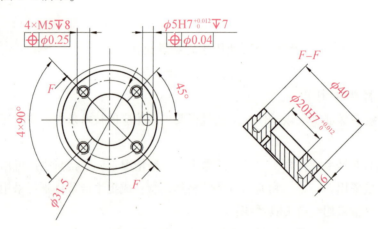

图 1-6　工业机器人关节轴 6 轴处法兰的机械接品

根据工艺流程要求，完整的轮毂加工工艺流程中，涉及多个工具交替使用。另外，工业机器人本体内部集成了多路气路接口，如使用气体作为动力源，气路的整合集成较为适宜。

(3) 工装夹具的选用

①夹持方案。

针对不同工序的夹持要求，下面提供了不同的夹持方案：

当轮毂正面朝上放置于仓储单元中，需要对轮毂进行出库搬运时，工业机器人需要进行轮毂夹取，从工业机器人工作范围和夹持稳定性考虑，此处选择使用_____夹取的方式；轮毂正面的轮辐位置可进行夹持，由此工装夹具的选择可以是三爪轮辐夹持工具，轮辐位置如图 1-7 所示。

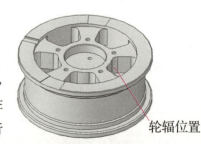

图 1-7　轮辐位置

续表

当轮毂反面朝上放置于仓储单元中，需要进行出库搬运时，由于轮毂正反面特征不同，所以需要选用新的夹持工具，轮毂反面有两个不同的特征可进行夹取，分别是轮圈位置和轮辋位置，在此可以考虑使用对轮毂轮圈内夹的三爪夹持和对轮毂轮辋外撑的三爪夹持方案。轮圈、轮辋位置如图 1-8 所示。

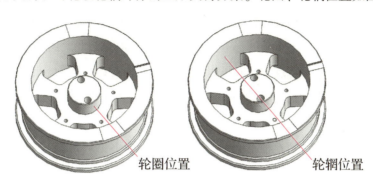

图 1-8　轮圈、轮辋位置

当轮毂随机放置于仓储单元中，即正反面状态不确定的情况，可以选择使用两爪夹持轮毂轮辋外圈的夹持方案。在进行视觉检测时，当相机_____拍照检测时，这种方式可抓取轮毂进行正反两侧的视觉检测而不发生干涉，轮辋外圈如图 1-9 所示。

由于轮毂正、反面比较平整且无孔位，所以也可选择在搬运轮毂时使用吸附式的夹持方式。此方案同样可使用于轮毂随机正、反面放置时的夹持，但是在废屑较多的打磨、数铣加工中并不适用。轮毂可进行吸附的表面特征如图 1-10 所示。

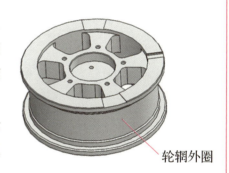

图 1-9　轮辋外圈

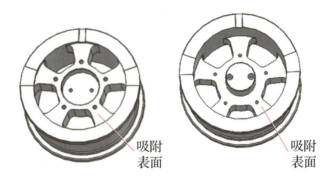

图 1-10　轮毂可进行吸附的表面特征

为进行车标安装，工业机器人还需抓取搬运车标，由于车标工件与轮毂工件尺寸不同，轮毂搬运工具无法适用，需要选择新的工具。车标质量较轻且表面平整光滑，在此，可以选用_____的夹持方式。车标工件表面吸附特征见图 1-11。

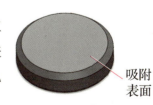

图 1-11　车标工件表面吸附特征

② 夹持通用性。

工业机器人所有工具安装在工业机器人末端，不能超出工业机器人承载能力；基于工装夹具的基本选择原则，可选用与工业机器人末端接口相匹配的快换工具，实现多种工具的快速更换。

续表

③工装夹具驱动类型。

根据工装夹具的功能要求,已经确定了工件的夹持方案,分为_____和_____两种类型。从控制难度、成本和管线布置等角度分析,应尽量选用统一驱动类型。

案例中工装夹具夹持的工件是铝合金材质,显然不适用于磁吸式驱动对工件铁磁性要求;由于夹持的工件质量较轻,液压驱动更加适用于重载的场合,所以液压驱动方式可以排除;气动驱动具有_____、_____、_____、_____等特点,同时可以满足案例工装夹具的要求,此处决定使用气动驱动的方式。同时,案例中工业机器人本体集成了气路,对于项目的实施也更加方便。

④工作站中工业机器人末端的工装夹具。

基于以上的夹持方案,可以得到6种不同的夹持方法,具体可见下表。

序号	夹具类型	应用场合	图示
1	夹爪工装-轮辐夹爪	抓取轮毂正面轮辐位置。可用于仓储单元、打磨单元、加工单元、压装单元抓取正面朝上放置的轮毂	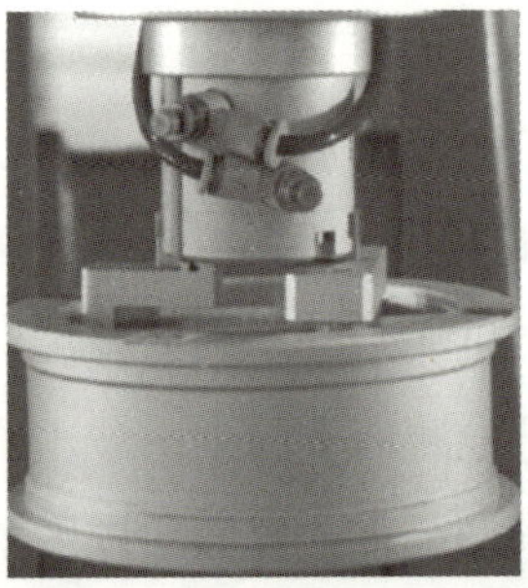
2	夹爪工装-轮圈内夹夹爪	抓取轮毂反面轮圈位置。可用于_____、打磨单元抓取反面朝上放置的轮毂	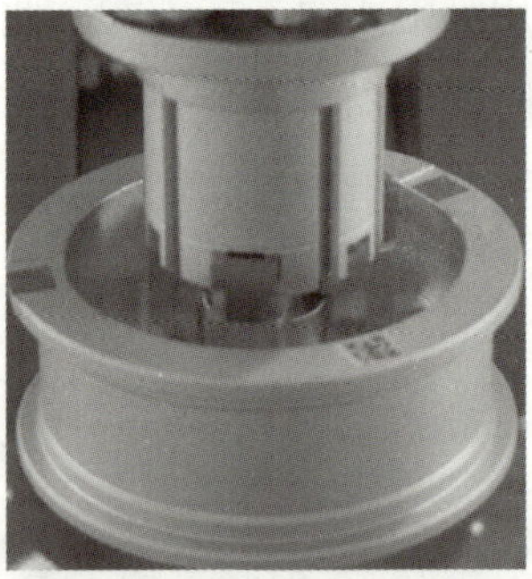
3	夹爪工装-轮辋内圈外撑夹爪	抓取轮毂反面轮辋内圈位置。可用于仓储单元、打磨单元抓取反面朝上放置的轮毂	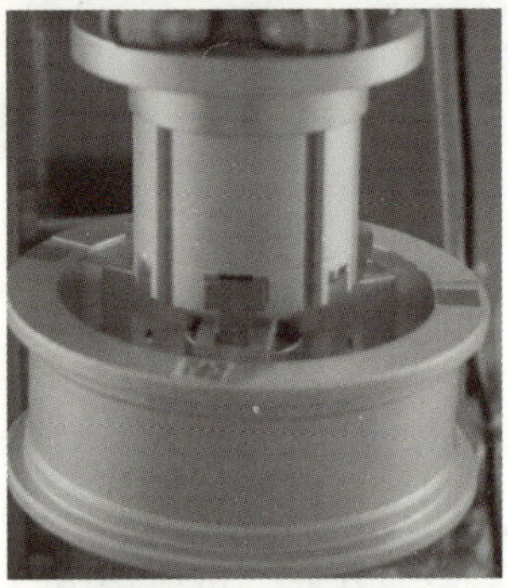
4	夹爪工装-轮辋外圈夹爪	抓取轮辋外圈位置。轮毂正、反面朝上放置时均可抓取。可用于视觉检测拍照应用中轮毂抓取	

续表

序号	夹具类型	应用场合	图示
5	吸盘工装	吸附轮毂表面位置。可用于仓储单元、打磨单元、加工单元、压装单元的轮毂搬运	
6	车标吸盘工装	吸附车标表面位置。可用于_____进行搬运安装	

1.1.2 外围电气设备适配

任务实施

1. 工作站 PLC 适配

（1）PLC 设备的需求

智能制造单元系统集成应用平台的方案说明书中，对工作站的整体控制功能做了要求，总控单元的 PLC 作为总控制器对工作站整体逻辑实施控制，需要满足以下几个要求：

①工作站中设备体系庞大，且物理安装为_____，PLC 需支持分布式控制且可扩展；

②支持数字量和模拟量输入和输出；

③支持高速脉冲输出，实现对伺服驱动器以及步进电机的脉冲控制；

④需具备支持 PROFINET 通信的接口，并支持通信模块的扩展；

⑤响应及时，高效稳定；

⑥支持与触摸屏、上位机的通信，实现上位机对工作站设备的实施状态监测与控制；

⑦选用主流厂商的，要求使用面广，更利于调试人员调试、院校师生学习使用。

（2）PLC 设备适配

根据工作站的 PLC 控制需求分析，选择 PLC 应满足_____、_____、_____。PLC 需要与上位机通信，并且要支持分布式的总线通信，具有支持 PROFINET 通信的 PN 口。目前市面上具备这些功能的 PLC 厂家众多，不同公司在进行方案适配时，会根据自身使用比较熟悉的厂商作为优先考虑，方便工

续表

程师快速使用和调试PLC。选择西门子PLC主要是因为西门子PLC的软硬件相对成熟并且稳定性好，中小型型号PLC具有通信强、集成度高等优势。

西门子S7-1200、S7-1500系列PLC均符合工作站功能要求，支持模块化编程并且支持在线监控、诊断的功能，编程软件集成度较高，操作使用方便。

S7-1200系列PLC属于_____端紧凑型的控制器，它主要面向简单而高精度的自动化任务。S7-1200设计紧凑、组态灵活且具有功能强大的指令集。作为同系列的S7-1500信号处理更快，系统响应时间短，适合大型复杂的控制应用，但是价格相对S7-1200系列PLC高。从经济适用的角度分析，S7-1200的功能已经足够满足要求，所以此处优先选用S7-1200系列PLC。

2. 触摸屏设备适配

（1）案例工作站触摸屏设备的需求

①具备支持以太网通信的接口，支持_____协议通信；

②触摸屏尺寸适中，太小则不利于操作，过大则会超出设备安装位置极限；

③使用面广，编程操作简单，便于调试人员调试、院校师生学习使用。

（2）触摸屏适配

西门子触摸屏的型号众多，在进行触摸屏的适配时，还需要从性价比、适用性等方面考虑。西门子触摸屏有三种类型，分别是_____、_____、_____。

精简面板集成有PN网口，可进行PROFINET通信，屏幕尺寸从3寸到15寸，在价格上精简面板的价格较低并且功能适用。精智面板不仅具备以太网口，还带有_____口，可进行多种协议通信，功能较齐全，价格相对于精简面板高一些。移动面板是移动式的，不适于固定在工作站上使用，同样价格也相对较高。

3. 工作站电机适配

（1）电机设备的功能需求

工作站的多个场合中需用到电机，各个场合对电机的需求各不相同，具体如下：

①执行单元。

在工作站的执行单元，工业机器人的外部轴动作是通过电机驱动滚珠丝杠和滑台而实现的，电机要求如下：

执行单元工业机器人在工作站中起到衔接各个工艺的作用，所以进行生产加工时，电机需满足随时启停、正反转的功能，从而实现可以驱动滑台和机器人频繁往返于各个工艺模块之间；对零点有精度要求，要求每次开机时，工业机器人及伺服滑台都处于_____位置；运行平稳，因为驱动的滑台带动的是工业机器人，机械振动等问题都可能造成机器人精度的变化，所以需要尽量保持在额定速度下转矩平稳。

②压装单元。

在工作站的压装单元，直线运动机构要实现压装工位的移动，需要电机进行带动，选用的电机要求如下：

电机要实现带动压装工位的托盘精确到达_____个定点工位；压装工位负载较小；压装单元电机驱动的滑台主要负责带动轮毂工件及车轮的移动，低速运行即可；压装单元仅作为工作站的其中一个工艺环节，不要求频繁启停，对原点位置没有要求。

③分拣单元。

在工作站的分拣单元，需要电机带动皮带轮运转，选用的电机要求如下：

皮带能实现多段速度运行；皮带不需要精准的位置定位停留。

（2）电机设备适配

根据工作站中电机使用场合及功能，对电机进行适配，适配依据见下表。

续表

场合	适配
执行单元	电机需作精准的定位运动，所有可以考虑选用步进或伺服电机。 电机需带动工业机器人运动，应用环境负载_____且精度要求_____，需要速度可控制，能实时反馈位置，且应用时可能会频繁启停。 步进电机在频繁启停时精度将会降低且原点精度无法保证，在此伺服电机是最合适的，进行适配时选用伺服电机。
压装单元	电机在压装单元主要功能是做定位运动，可以使用步进或伺服电机实现。 压装单元电机使用环境中原点复位精度要求不高且对运行速度无特殊要求，考虑步进电机的价格较为低廉，优先选用步进电机进行机构的定位控制
分拣单元	分拣单元的皮带传动对电机的要求不高，但需要有多段调速的功能，在适配时可以选择使用变频电机。

4. 传感器适配

（1）工作站视觉传感器适配

①视觉传感器功能需求。

在工作站中，对于不同的检测工艺，涉及需要检测的内容有检测汽车车标图案、检测轮毂_____信息、_____检测、检测轮毂_____和车标安装_____检测等。

同时，要求视觉传感器可以快速识别不同的检测特征，且响应快，灵敏度高；能与外部 PLC 设备或机器人设备进行并行、串行的开放式协议通信，实现检测结果的反馈。视觉软件的功能，要求操作简单，以_____编程方式为主，代码编程为辅。

②视觉传感器适配。

视觉传感器的选择，一般以能实现项目功能要求为前提，其次从_____、_____、产品质量几个方面去综合考虑。

由于工作站中使用到的视觉检测精度_____，例如车标轮廓检测，对图像成形要求高，为了更加准确地进行检测，进行视觉传感器适配时，选用_____传感器更佳。

由于工作站并未涉及立体检测物的检测，所以无须选用 3D 视觉。基于 PC 的视觉和智能相机均能满足功能要求，但是基于 PC 的视觉结构复杂且开发周期长，所以此处优先选择使用智能相机。

（2）工作站力传感器适配

①力觉传感器的需求。

在工作站中，力觉传感器应用在压装单元中，如图 1-12 所示，用于检测冲压过程中冲压力的大小，当冲压力超过量程设定时，会进行报错。

②测力传感器的适配。

在压装单元中，主要是检测压力的_____，使用电阻式应变测量可以满足要求。根据实际情况，汽车轮胎及车标冲压是自上而下的，且轮毂为圆形，对比不同的弹性元件，可以排除使用梁式弹性元件。环式、轮辐式、S 形测力传感器多应用于称重场合，而柱式测力传感器在轧压场合应用较广泛。所以对测力传感器进行适配时，优先选择柱式测力传感器。

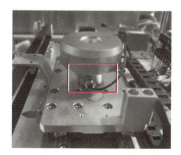

图 1-12 力觉传感器

续表

(3) 工作站接近开关适配

①光电传感器的需求。

工作站的执行单元中，需要设置相应的限位开关以及原点开关，实现伺服滑台的精确行程限位及到位检测，需要使用到_____。同时，伺服滑台的安装位置狭小。如图 1-13 所示。

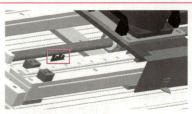

图 1-13　限位开关

工作站仓储单元中，为了检测每个仓储工位是否有工件存在，需要使用到光电传感器进行检测，要求能灵敏检测、检测_____、检测距离_____，如图 1-14 所示。

②光电传感器的适配。

对于伺服轴运动的运行速度较快，检测精度要求高。从功能要求出发，分析各种类型的接近开关，可以发现光电式槽型传感器具有_____、能分辨透明与半透明物体的特点和功能，且结构紧凑，比较适合用在伺服的_____、_____检测。

对于仓储单元轮毂检测，检测物状态是静态，不需要选用灵敏高速的传感器，只需要能够检测状态的变化即可，在此可适配漫反射光电传感器。

图 1-14　光电传感器检测

任务评价

1. 任务评价表

评价项目	比例	配分	序号	评价要素	评分标准	自评	教师评价
6S职业素养	30%	30分	①	选用适合的工具实施任务，清理无须使用的工具	未执行扣6分		
			②	合理布置任务所需使用的工具，明确标识	未执行扣6分		
			③	清除工作场所内的脏污，发现设备异常立即记录并处理	未执行扣6分		
			④	规范操作，杜绝安全事故，确保任务实施质量	未执行扣6分		
			⑤	具有团队意识，小组成员分工协作，共同高质量完成任务	未执行扣6分		
机电集成系统设计	70%	70分	①	能根据工业机器人的技术参数，结合集成应用的场景，选择经济、合适的工装夹具	未掌握扣10分		
			②	能根据工业机器人的技术参数，结合集成应用的场景，适配合适的工装夹具	未掌握扣10分		
			③	能根据常见品牌的PLC、触摸屏设备性能特点，结合不同应用需求，进行集成方案适配	未掌握扣10分		

续表

评价项目	比例	配分	序号	评价要素	评分标准	自评	教师评价
机电集成系统设计	70%	70分	④	能根据常见品牌的电机设备性能特点，结合不同应用需求，进行集成方案适配	未掌握扣10分		
			⑤	能根据常见品牌的视觉、力觉、接近觉等传感器性能特点，结合不同应用需求，进行集成方案适配	未掌握扣30分		
合　计							

2. 活动过程评价表

评价指标	评价要素	分数	得分
信息检索	能有效利用网络资源、工作手册查找有效信息；能用自己的语言有条理地去解释、表述所学知识；能将查找到的信息有效转换到工作中	10	
感知工作	是否熟悉各自的工作岗位，认同工作价值；在工作中，是否获得满足感	10	
参与状态	与教师、同学之间是否相互尊重、理解、平等；与教师、同学之间是否能够保持多向、丰富、适宜的信息交流。探究学习、自主学习不流于形式，处理好合作学习和独立思考的关系，做到有效学习；能提出有意义的问题或能发表个人见解；能按要求正确操作；能够倾听、协作分享	20	
学习方法	工作计划、操作技能是否符合规范要求；是否获得了进一步发展的能力	10	
工作过程	遵守管理规程，操作过程符合现场管理要求；平时上课的出勤情况和每天完成工作任务情况；善于多角度思考问题，能主动发现、提出有价值的问题	15	
思维状态	是否能发现问题、提出问题、分析问题、解决问题	10	
自评反馈	按时按质完成工作任务；较好地掌握了专业知识点；具有较强的信息分析能力和理解能力；具有较为全面严谨的思维能力并能条理明晰表述成文	25	
总　分		100	

任务1.2 机电集成原理图绘制

工业机器人系统集成设计的过程中，需根据方案要求和设备选型方案，绘制工作站的原理图，为现场实施提供正确的制造、安装、调试、维护等技术支持。

目前，CAD软件广泛应用于各行业的图纸绘制和设计过程中，本任务将借助CAD软件绘制机械装配图、气动原理图和电气原理图。

知识页——工作站气动原理图绘制

1. 气动原理图绘制基础

（1）气动原理图的布局

对于复杂的气动系统，可以将其分解成多个子系统进行绘制。由多个执行元件组成的复杂气动系统主要依据执行元件的数量划分子系统，如果气源的结构和组成复杂，也可以把气源单独分为一个子系统绘制。只有一个执行元件的气动系统可以按照组成元件的功能来划分子系统，此外结构复杂的子系统有可能还需要进一步被分解成多个下一级子系统。

智能制造单元系统集成应用平台采用模块化设计，含有多个工艺单元，每个单元都有很多的执行元件，在进行气动原理图绘制时，应将各个单元划分为子系统，具体每个单元，依据气动元件的复杂程度，还可以再进行分解。

在进行气动回路的布局时，不必考虑系统每个元件的实际位置。建议将图中所有气缸和方向控制阀水平布置，且气缸运动的方向均从左往右，这样回路图更容易理解。

（2）气动原理图中各元件的绘制原则

①绘制元件的状态。

气动原理图中所画的每个元件应处于初始位置状态，如图1-15所示，二位五通电磁阀的初始位置是电磁阀不得电的状态，当电磁阀不得电时，气缸的初始状态为气缸缩回。

②简化回路。

为了使原理图的绘制整齐、美观，在绘制气动原理图时，往往把所有的供气和排气连接到一条总的供气线或是一条总的排气线上，这样使得气动原理图的气路连接交错，回路关系复杂不易于分析。因此，为使复杂的气动原理图简单明了，易于识读，通常采用缩短气路连接、采用拆分回路连线、合并回路连线或删除某些回路连线等方法，使复杂的气动原理图得到简化。

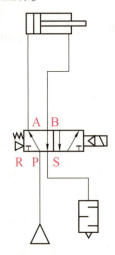

图1-5 电磁阀控制气缸回路

如图1-16所示为三个气缸的气动控制原理图，每个电磁阀排气经过消声器，如果缩短三个支回路各个电磁阀的排气连线,使每个电磁阀单独排气,如图1-17所示,则系统原理图的气路连线交叉少,回路易于阅读。

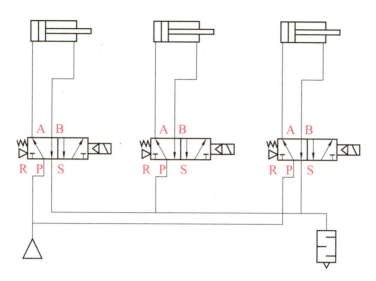

图1-16　回路交叉气动图

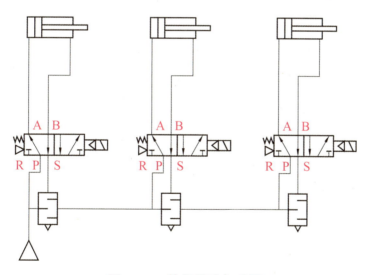

图1-17　简化回路气动图

③整理元件。

进行绘图前,应对气动元件进行整理分析,主要考虑去掉对系统工作原理表达影响不大的元件、合并重复出现的元件或元件组、用少量简单的元件符号代替多个复杂的元件符号。在进行绘图时,有些元件只是起到辅助作用,对整个系统的动作原理影响不大,此时可以考虑先记录下该类元件所起的辅助作用,暂时不绘制,先将重要的元件进行绘制,以达到简化,将控制原理表达清楚,最后再进行补充绘制辅助元件。

④绘图元件的使用。

使用CAD进行绘图时,专业的技术人员一般会有一套自己的元器件库,当需要表达某个元器件时,可以直接调用。对于没有元件库的,建议参照标准的元器件图样,在软件进行绘制时建成块的形式保存，方便重复调用。

（3）绘制气动原理图的要点

气动原理图绘制，需要遵循以下要点：

①信号流向是从回路图的下方向上；

②气源可用简化形式画出；

③图中不考虑实际元件的排序；

④尽可能将气缸和方向控制阀门水平绘制，气缸运动方向是从左往右；

⑤安装时使用的所有元件要与回路图中元件的名称标记一致；

⑥用标记表示输入信号的位置（如限位阀）。已经被启动而动作的元件用带阴影线的凸起部分或者箭头加以区分；

⑦在画管道线时尽可能用直线，不要交叉，连接处用一个点表示。

2. 电气原理图绘制基础

（1）电气原理图的布局

电路图应采用功能布局法布置。电路图的布局应合理，便于说明工作原理和连接关系，同时也应考虑图面紧凑、清晰、连接最短、交叉最少等。电路图布局时应突出以下两个方面：

①过程或信号流方向：通过符号排列整齐并使电路连通；

②功能关系：表示功能相关元件的符号一起分组。

（2）电路图上元件的表示方法

电路图上元件的表示，一般有以下几种方法：

①电路图上元件表示的一般规定：电路图上的元件可用单个符号或几个符号的组合表示；

②集中表示法：表示元器件图形符号的集中表示法应仅用于表示简单的非大型电路；

③分开表示法：应用表示元器件符号的分开表示法既方便寻找电路路径又便于实现布局清晰、无交叉电路。为指明符号之间的联系，应在每个符号旁示出元器件的参照代号；

④半集中表示法：将符号的各个部分在图上展开，并用虚线把功能上有联系的各元件连接在一起；

⑤组合表示法：将图形符号的各部分画在围框线内，或将图形符号的各部分连接在一起；

⑥分立表示法：将功能上独立的符号各部分分别示于图上，它们在结构上是一体的关系，通过其参照代号加以清晰表示的方法；

⑦重复表示法：可用表示元器件符号的重复表示来实现布局清晰、无交叉电路。

（3）组成部分可动的元器件表示方法

①工作状态。

在电路图中，组成部分（如触点）可动的元器件符号应按照如下规定的位置或状态绘制：

• 单一稳定状态的手动或机电元器件，例如继电器、接触器、制动器等在非激励或断电状态；

- 断路器和隔离开关在断开（OFF）位置；
- 对于能在两个或多个位置或状态的任何一个静止的其他开关器件，必要时，应在图中给出解释；
- 标有断开（OFF）位置的多个稳定位置的手动控制开关在断开位置；
- 未标有断开（OFF）位置的控制开关在简图中规定的位置；
- 应急操作、待机、告警、测试等控制开关，应表示在设备正常工作时所处的位置，或其他规定的位置。

②功能说明。

对于功能复杂的手动控制开关，如需要理解功能，应增加图示；对于监控开关，图中应在邻近符号处有操作说明。

③用触点符号表示半导体开关的方法

半导体开关应按其初始状态即辅助电源已合的时刻绘制。

④触点符号的取向。

为了与设定的动作方向一致，触点符号的取向应该是：当操作元器件时，水平连接线的触点，动作向上；垂直连接线的触点，动作向右。

（4）电源电路的表示方法

表示电源的连接线应按下面顺序自上而下或自左而右示出：

①对于交流电路：使用 L1，L2，L3，N，PE 分别表示三个火线、零线和地线。

②对于直流电流：使用 L+，L- 分别表示正极、负极。

（5）引出端数量很多的图形符号

如果表示器件的符号有大量的端子，不能用一页图示出符号且如果不能用器件的其他方法表示时，应在适当的地方按分开表示法的规则，在不同的页面示出符号的不同部分的分解符号，具体见图1-18。

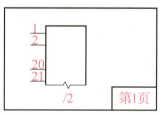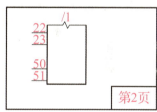

图1-18 符号分解表示示例

知识测试

一、单项选择题

1. 装配图应该包含的内容包括：一组视图、必要的尺寸、零件编号及明细栏、（　　）和标题栏。

　　A. 文字说明　　　　B. 零件参数　　　　C. 技术要求　　　　D. 颜色要求

2. 装配图中粗实线表示带传动中的带，链传动中的链则用（　　）表示。

　　A. 粗点划线　　　　B. 细点划线　　　　C. 粗实划线　　　　D. 细实划线

3. (　　)由空气过滤器、减压阀和油雾器组成，主要用于过滤空气、控制系统压力和雾化润滑油。

A. 气动三联件　　　B. 手滑阀　　　C. 空压机　　　D. 气源分气块

4. 节流阀的主要作用是(　　)。

A. 调节压力大小　　B. 调节气流流量　　C. 控制气体流向　　D. 用于冲压动作

5. 电源电路的表示方法中，对于交流电路，地线使用(　　)表示。

A. L1　　　　　　B. L+　　　　　　C. N　　　　　　D. PE

二、简答题

简述绘制气动原理图的要点。

任务页——机电集成原理图绘制

工作任务	机电集成原理图绘制	教学模式	理实一体
建议学时	参考学时共 16 学时，其中相关知识学习 6 学时；学员练习 10 学时	需设备、器材	CAD 绘图软件
任务描述	工业机器人系统集成设计的过程中，需根据方案要求和设备选型方案，绘制工作站的原理图，为现场实施提供正确的制造、安装、调试、维护等技术支持。 目前，CAD 软件广泛应用于各行业的图纸绘制和设计过程中，本任务将借助 CAD 软件绘制机械装配图、气动原理图和电气原理图的方法		
职业技能	1.2.1　能用 CAD 软件绘制工作站的机械装配图。 1.2.2　能用 CAD 软件绘制工作站的气动原理图。 1.2.3　能用 CAD 软件绘制工作站的电气原理图		

1.2.1　工作站机械装配图绘制

任务实施

1. 装配图绘制内容

轮毂受子台的装配体三维模型已经在 SolidWorks 上绘制完成，为了便于现场安装人员进行装配，需要使用 AutoCAD 软件对机械装配图进行绘制。在进行装配图绘制时，可以使用前面介绍的三维转二维图的方法进行绘制。轮毂受子台的三维模型如图 1-19 所示。

图 1-19　轮毂受子台的三维模型

2. 机械装配图绘制

（1）绘图流程

对于一个装配图的绘制，通常参照图 1-20 所示的流程进行绘制。

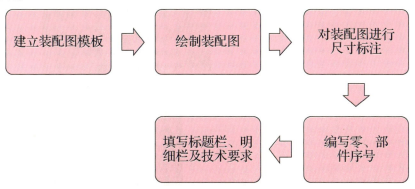

图 1-20　装配图绘制流程

续表

(2) 装配体分析

轮毂受子台装配体由＿＿＿＿个零部件组成,通过前视图和俯视图,可以将装配体的整体形状表达清楚,通过对俯视图进行剖切,可以表达内部的装配关系,因此,视图选择前视图和俯视图,并用＿＿＿＿作为辅助视图。

从装配体进行分析,装配图需要表达清楚以下几个装配关系:

①托盘承受板和轮毂托盘的配合关系;

②托盘承受板和气缸连接板的配合关系;

③定位销的装配关系。

(3) 机械装配图绘制

下面,根据绘制装配图的流程,绘制轮毂受子台的装配图,具体画图步骤见下表。

操作步骤	图　示
①打开装配体模板文件,装配图已绘制好＿＿＿＿、明细框、设置好图层	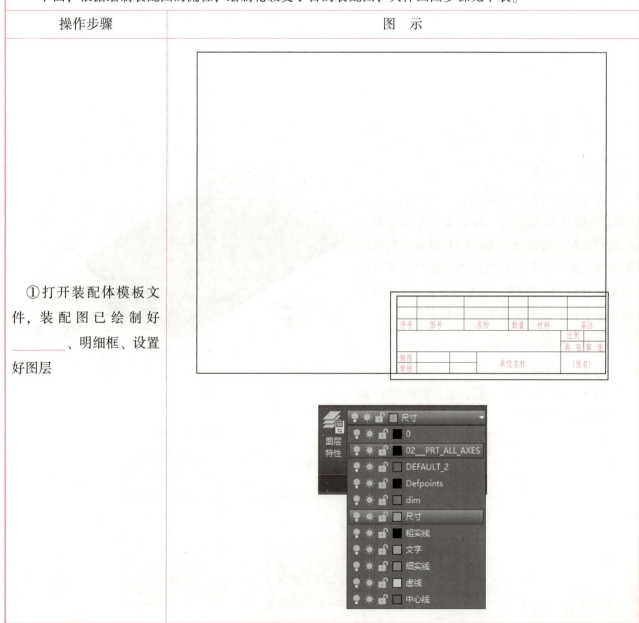

续表

操作步骤	图　示
②在 SolidWorks 三维软件上将模型生成二维投影。在 SolidWorks 软件上将三维模型生成_____和俯视图的工程图文件，并保存为.dwg 格式的文件	
③在 AutoCAD 上打开上一步保存出来的工程文件，将其复制到步骤①的模板中	
④为表达配合关系，对俯视图进行剖切，在 AutoCAD 上补充剖视图，并补画对应的_____、_____。注意选择对应的图层线进行绘制	

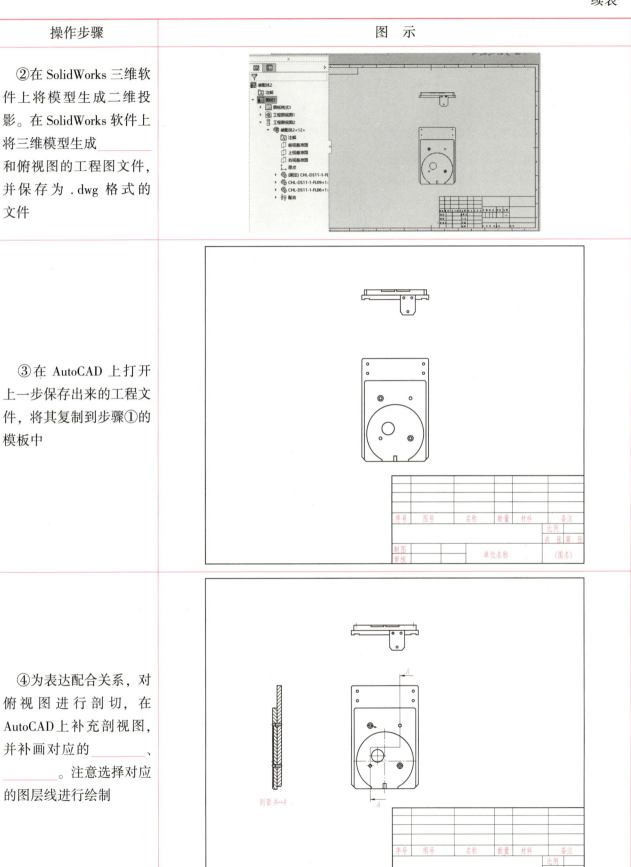

操作步骤	图 示
⑤ 选择"_____"图层，对装配图的整体尺寸、装配尺寸进行相应的标注	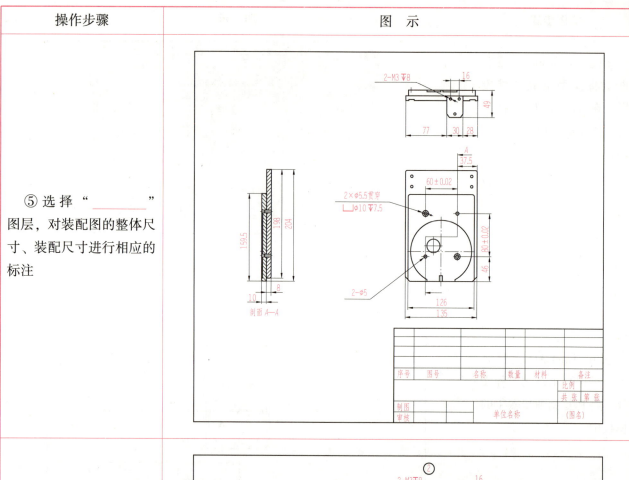
⑥ 选择"_____"图层，对装配图的零部件进行编号	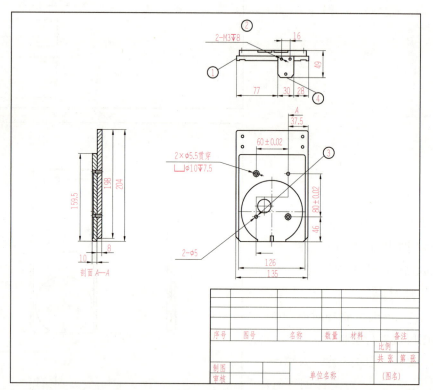

续表

操作步骤	图 示
⑦选择"文字说明"图层,按照标准要求填写标题栏、明细栏和对应的技术要求	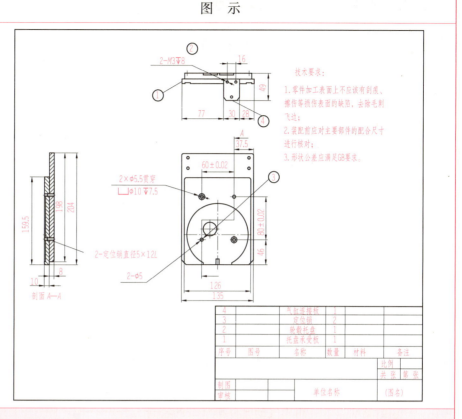

1.2.2 工作站气动原理图绘制

任务实施

1. 气动原理图绘制前的准备工作

(1) 确定工作任务和动作要求

以工作站的压装单元为例进行讲解,压装单元的动作任务是在两个不同的工位完成,对汽车轮胎、车标进行气缸冲压装配,具体的控制关系如下:使用两个_____电磁阀控制两个压装气缸的升降,并且为保证冲压的效果,需要添加减压阀进行气压的调节。压装单元的气动元件如图 1-21 所示。

具体动作为_____——经过手滑阀、气动三联件——经气源分气块进行气体分流——流向压装单元的气体通过汇流排——_____——电磁阀的出气端连接减压阀,可压力调整——再到气缸节流阀,最后控制气缸动作。

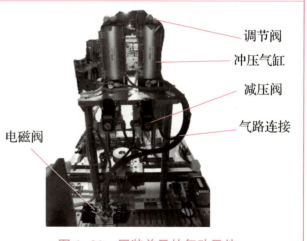

图 1-21 压装单元的气动元件

(2) 确定组成元件及功能

在进行气动原理图的绘制之前,需要分析气动元件的组成以及其功能。只有充分了解该工作站的气动元件,才能准确绘制气动原理图。以压装单元为例,根据其动作要求,对所需的气动元件进行整理分析,使用的元件及功能见下表。

续表

序号	气动元件名称	功　能	图　示
1	＿＿＿＿	提供工作站的气源	
2	手滑阀	作为气源开关，实现气体的通断	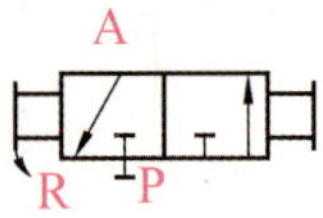
3	＿＿＿＿	由＿＿＿、＿＿＿和＿＿＿组成，主要用于过滤空气、控制系统压力和雾化润滑油	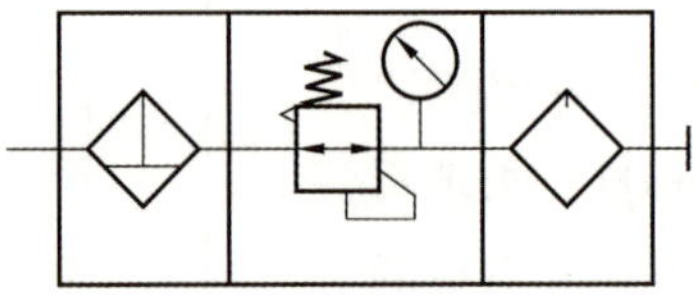
4	8位10口气源分气块	可分＿＿＿个支路控制气体通断	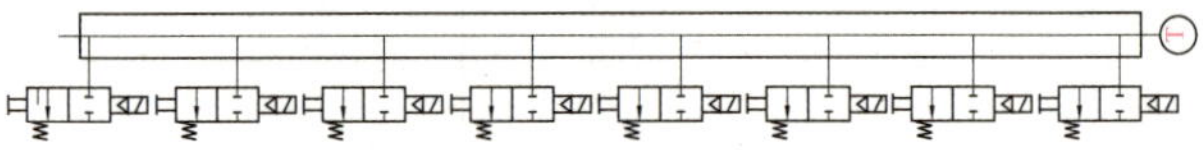
5	汇流排底座	连接到电磁阀上，实现少量气源同时供应多个电磁阀工作	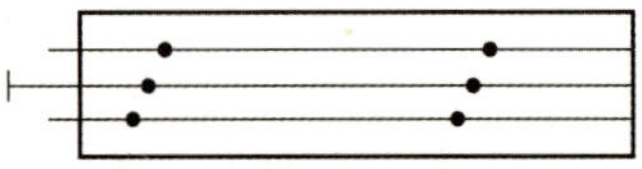
6	＿＿＿＿	安装在汇流排底座的排气口，可以降低噪声	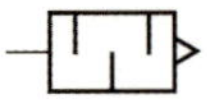
7	密封堵头	用于气动元件排气口的密封	
8	电磁阀	控制气体流向，起到开关作用	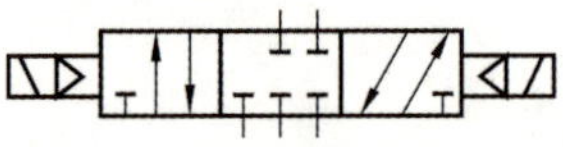
9	减压阀	调节压力大小	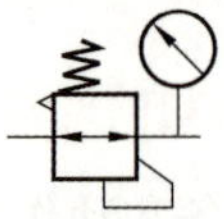
10	节流阀	＿＿＿＿	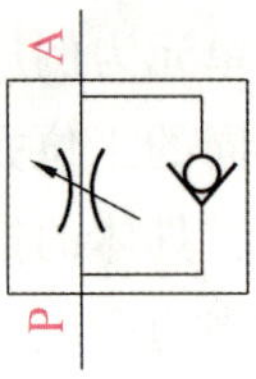
11	气缸	执行元件，用于冲压动作的执行	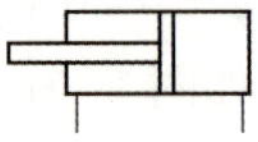

2. 绘制流程

在进行气动原理图的绘制时，一般遵循图1-22所示的绘制流程进行。

续表

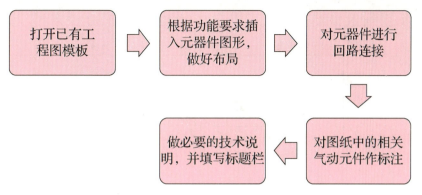

图1-22 气动原理图绘制流程

3. 气动原理图绘制

以工作站压装单元为例,根据对工作任务和气动控制流程的分析,按照气动原理图的绘制流程,进行气动原理图绘制,具体操作步骤见下表。

操作步骤	图 示
①打开已有的工程图模板文件,图纸模板已绘制好标题栏,设置好相应的图层	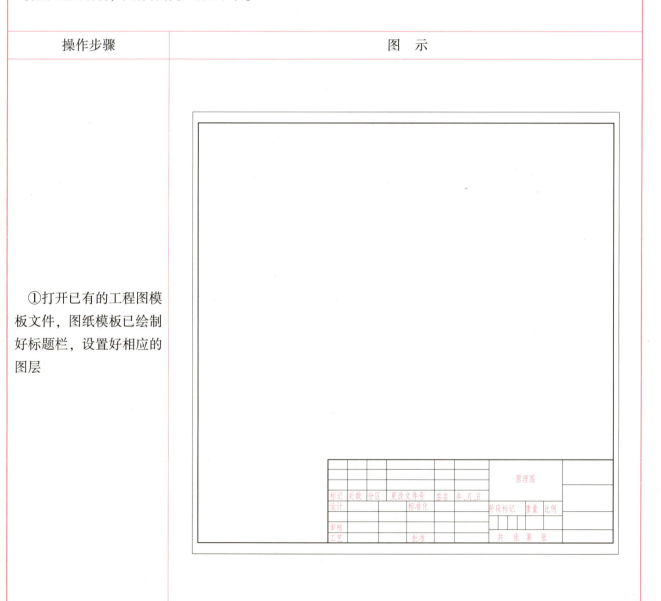

续表

操作步骤	图示
②根据压装单元用到的气动元件，在AutoCAD软件上插入相应的_____，并合理布局	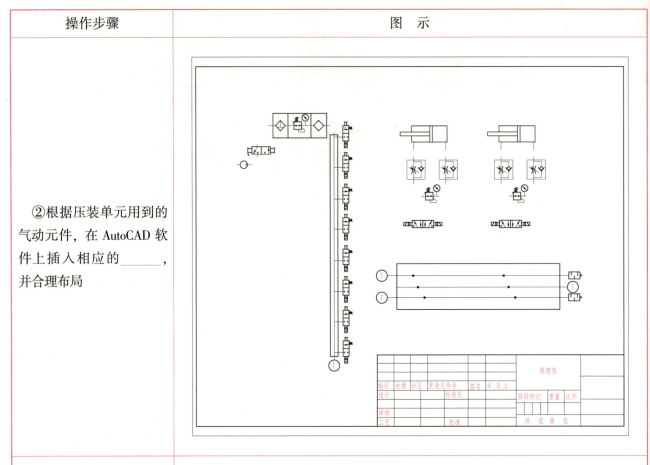
③对气动元件进行气路连接	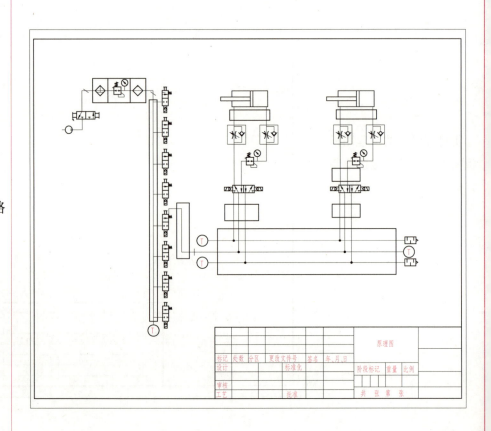

续表

操作步骤	图　示
④对图纸中的对应元器件进行_____、_____标注	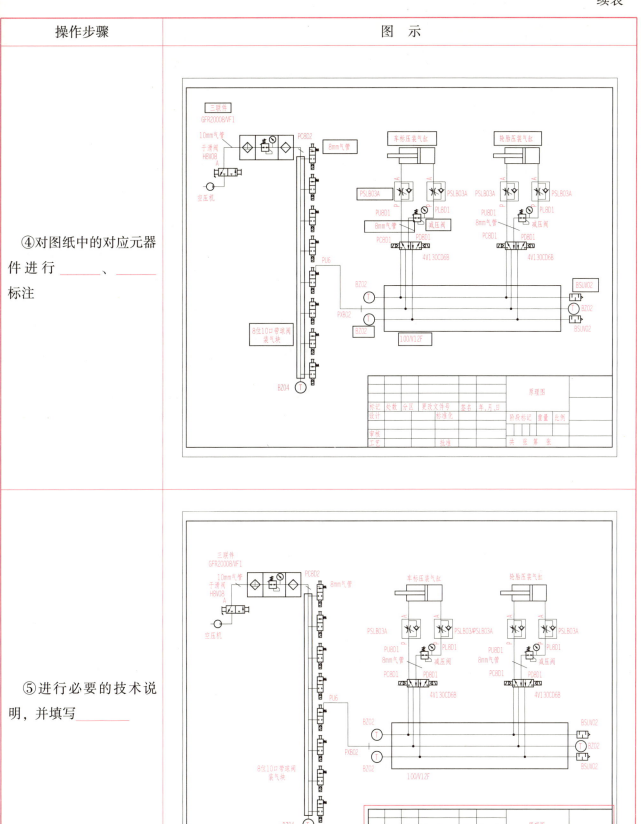
⑤进行必要的技术说明，并填写_____	

续表

1.2.3 工作站电气原理图绘制

任务实施

1. 电气原理图绘制前准备

（1）确定工作任务和控制要求

在进行电气原理图绘制前，必须充分了解绘制的工作任务及相应的控制要求。以工作站压装单元的主电路为例，对其工作任务和控制要求进行分析。压装单元的主电路需要给压装单元提供两组电源，一组是为插座提供交流＿＿＿＿V 的电源，另一组是为控制电路提供直流＿＿＿＿V 的电源。

要求设备总电源进行关断的开关使用带漏电保护的断路器，并且两组电源有各自相应的空气开关进行关断。一组空气开关控制设备的三头插座，一组空气开关控制开关电源，开关电源可将交流 220V 转为直流 24V，直流 24V 的输出正极连接一个保险丝，起短路保护作用。压装单元主电路接线布局图如图 1-23 所示。

（2）确定组成元件及功能

在进行压装单元的主电路绘制之前，需要分析电器元件的组成以及功能。

图 1-23　压装单元主电路接线布局图

首先，分析该电气原理图需要包含的电器元件，根据压装单元的主电路设计要求，对电器元件进行整理，用到的电器元件见下表。需要说明的是，一般公司建立了常用电气设计零件库，当绘图需要某个元器件时可以调用。如果没有对应的元器件库，可以参照电气符号标准使用 CAD 进行绘制，并建成块以供调用。对于某些非标准的电气符号，在进行电气图绘制时，可以用图框和注释进行表示。

序号	电器元件名称	功能	图示
1	220V 供电	供电源	
2	＿＿＿＿	接地表示	
3	漏电保护断路器		

续表

序号	电器元件名称	功能	图示
4	_____	电源关断控制开关	
5	插座	提供220V交流电	
6	开关电源	将交流220V转为直流24V	
7	_____	过电流保护和过热保护	

2. 电气原理图绘制案例

（1）绘制流程

一般的电气原理图绘制可以按照图1-24的流程进行绘制。

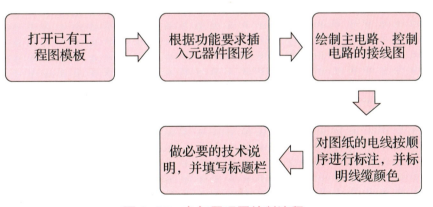

图1-24 电气原理图绘制流程

（2）电气原理图绘制

以工作站压装单元为例，根据对工作任务和电气控制流程的分析，按照电气原理图的绘制流程，参照电气原理图的绘图规范进行压装单元主电路原理图绘制，具体的绘制步骤见下表。

续表

操作步骤	图　示
①打开已有的工程图模板文件，图纸模板已绘制好标题栏，设置好相应的图层	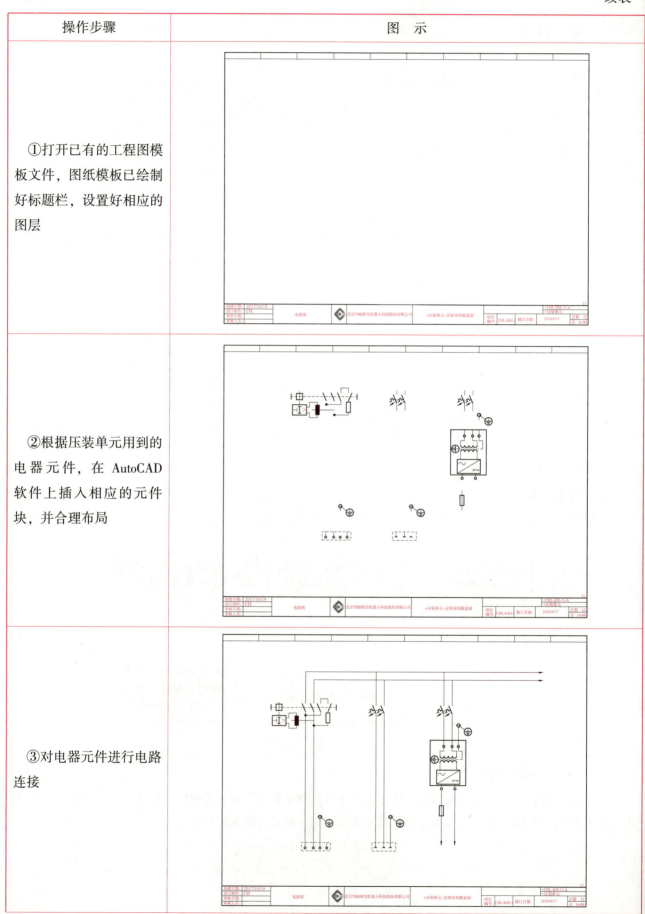
②根据压装单元用到的电器元件，在 AutoCAD 软件上插入相应的元件块，并合理布局	
③对电器元件进行电路连接	

续表

操作步骤	图　示
④对图纸中的对应元器件进行_____、_____、线径、线颜色等注释	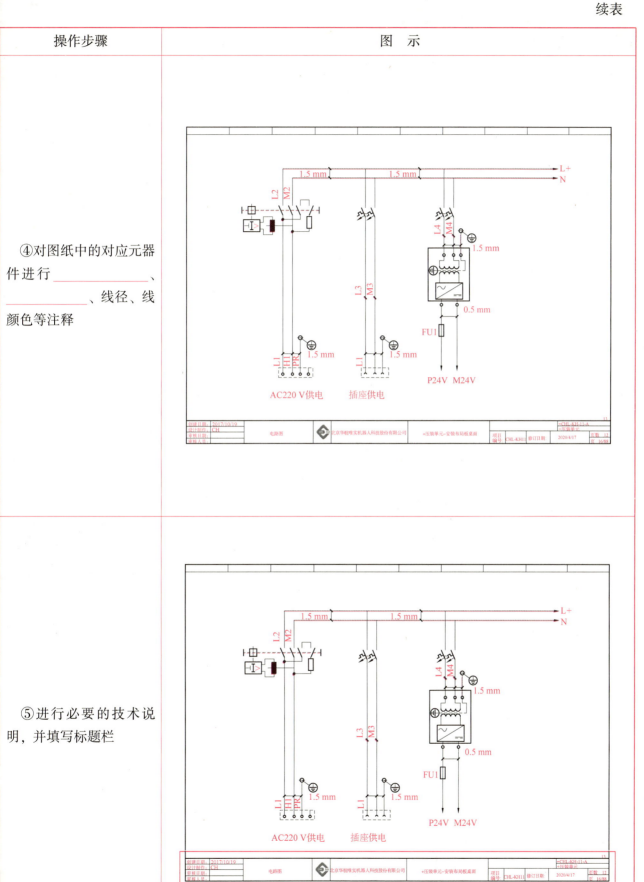
⑤进行必要的技术说明，并填写标题栏	

续表

任务评价

1. 任务评价表

评价项目	比例	配分	序号	评价要素	评分标准	自评	教师评价
6S职业素养	30%	30分	①	选用适合的工具实施任务，清理无须使用的工具	未执行扣6分		
			②	合理布置任务所需使用的工具，明确标识	未执行扣6分		
			③	清除工作场所内的脏污，发现设备异常立即记录并处理	未执行扣6分		
			④	规范操作，杜绝安全事故，确保任务实施质量	未执行扣6分		
			⑤	具有团队意识，小组成员分工协作，共同高质量完成任务	未执行扣6分		
机电集成原理图绘制	70%	70分	①	能用CAD软件绘制工作站的机械装配图	未掌握扣20分		
			②	能用CAD软件绘制工作站的气动原理图	未掌握扣25分		
			③	能用CAD软件绘制工作站的电气原理图	未掌握扣25分		
合 计							

2. 活动过程评价表

评价指标	评价要素	分数	得分
信息检索	能有效利用网络资源、工作手册查找有效信息；能用自己的语言有条理地去解释、表述所学知识；能将查找到的信息有效转换到工作中	10	
感知工作	是否熟悉各自的工作岗位，认同工作价值；在工作中，是否获得满足感	10	
参与状态	与教师、同学之间是否相互尊重、理解、平等；与教师、同学之间是否能够保持多向、丰富、适宜的信息交流。探究学习、自主学习不流于形式，处理好合作学习和独立思考的关系，做到有效学习；能提出有意义的问题或能发表个人见解；能按要求正确操作；能够倾听、协作分享	20	

续表

评价指标	评价要素	分数	得分
学习方法	工作计划、操作技能是否符合规范要求；是否获得了进一步发展的能力	10	
工作过程	遵守管理规程，操作过程符合现场管理要求；平时上课的出勤情况和每天完成工作任务情况；善于多角度思考问题，能主动发现、提出有价值的问题	15	
思维状态	是否能发现问题、提出问题、分析问题、解决问题	10	
自评反馈	按时按质完成工作任务；较好地掌握了专业知识点；具有较强的信息分析能力和理解能力；具有较为全面严谨的思维能力并能条理明晰表述成文	25	
总　分		100	

项目评测

项目一　工业机器人系统认知与搭建工作页

项目知识测试

一、选择题

1. (　　)又称执行电机，是一种应用于运动控制系统中的控制电机，其输出参数，如位置、速度、加速度和转矩是可控的。

　　A. 伺服电机　　　B. 直线电机　　　C. 步进电机　　　D. 以上都不是

2. 从使用功能来分类，工业机器人末端执行器分为拾取工具和专用工具，专用工具是只适用于某种制品（零件）的特定工序上的工具。下列选项中，不属于专用工具的是(　　)。

A.

B.

C.

D.

3. PLC 机型的选择时，需在满足控制要求的前提下，选择性能可靠、维护使用方便且性价比高的型号。对于控制功能要求更高的工程项目，例如实现 PID 运算、闭环控制或通信联网等功能，可视控制规模及复杂程度选用(　　)PLC。

　　A. 小型　　　　　B. 小型或中型　　　C. 中档或高档　　　D. 高档

4. 步进电机是将电脉冲信号转变为角位移或线位移的开环控制电机，电机系统不包含反馈检测。关于步进电机，下列选项中描述错误的是(　　)。

　　A. 步进电机位移量、转速与脉冲频率成正比。

　　B. 通过改变脉冲频率的高低就可以在很大范围内调节步进电机的转速，并能快速启动、制动和反转。

　　C. 步进电机的步距角变动范围较大。

　　D. 步进电机的转速可以随着控制电压的改变而迅速变化。

二、判断题

1. PLC 通常具有足够快的速度对大量的 I/O 数据进行处理，因此对于大多数场合来说 PLC 的响应时间并不是主要问题。　　　　　　　　　　　　　　　　　　　　　　　　　　　　　　　　(　　)

2. 伺服电机是将电脉冲信号转变为角位移或线位移的开环控制电机，不包含反馈检测。　　(　　)

3. 绘制气动原理图通常采用缩短气路连接、采用拆分回路连线、合并回路连线或删除某些回路连线等方法，使复杂的气动原理图得到简化。　　　　　　　　　　　　　　　　　　　　　　　(　　)

续表

 职业技能测试

工作站搭建

在设备库中选用适合的触摸屏设备,安装于总控单元的图 1-25 所示控制台处,注意触摸屏安装方向需便于操作人员操纵,且其背面与控制台贴合。

工作站触摸屏设备的需求

①具备支持以太网通信的接口,支持 PROFINET 协议通信;

②触摸屏尺寸适中;

③使用面广,编程操作简单。

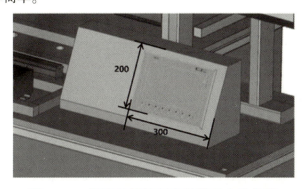

图 1-25 总控单元控制台触摸屏安装位置

项目二

工业机器人程序开发

项目导言

本项目主要围绕工业机器人系统程序开发工作领域,从工业机器人集成系统通信配置、工业机器人中断程序编程与调试和工业机器人典型工作任务示教编程三个进行展开,优先完成工业机器人集成系统通信规划和配置,为后续工业机器人系统程序的开发作好铺垫。工业机器人典型工作任务示教编程部分通过典型案例,贯穿程序开发的整体工作流程,包含工艺流程规划、程序规划、运动路径及点位规划、I/O信号规划以及程序编写与调试,最终使工业机器人能够完成典型工作任务。

工业机器人集成应用职业等级标准对照表

工作领域	工业机器人程序开发							
工作任务	工业机器人系统通信配置		工业机器人中断程序编程与调试		工业机器人搬运案例程序编写与调试		工业机器人装配案例程序编写与调试	
项目实施 任务分解	工业机器人集成系统通信规划	工业机器人系统扩展I/O模块配置	中断程序规划	中断程序编写与调试	搬运工艺程序规划	搬运工艺程序编写与调试	装配车标工艺程序规划	装配工艺程序编写与调试
职业能力	2.1.1 能通过外部数字信号和模拟信号,创建和关联合适的工业机器人信号。 2.1.2 能通过工业机器人信号的强制操作,监控外围设备动作。 2.1.3 能进行工业机器人信号的仿真操作。 2.2.1 能熟练地调用工业机器人中断程序。 2.2.2 能正确使用动作触发指令。 2.2.3 能完成工业机器人典型工作任务(如搬运码垛、装配等)的程序编写							

任务 2.1 工业机器人系统通信配置

本任务主要执行工业机器人扩展 I/O 模块适配器与模块的配置方法以及模拟量信号的配置，为后续典型工作任务示教编程做铺垫。

任务页——工业机器人集成系统通信规划

工作任务	工业机器人集成系统通信规划	教学模式	理实一体
建议学时	参考学时共 2 学时，其中相关知识学习 1 学时；学员练习 1 学时	需设备、器材	工业机器人集成设备
任务描述	本任务主要执行工业机器人扩展 I/O 模块适配器与模块的配置以及模拟量信号的配置，为后续典型工作任务示教编程做铺垫		
职业技能	2.1.1 能通过外部数字信号和模拟信号，创建和关联合适的工业机器人信号。 2.1.2 能通过工业机器人信号的强制操作，监控外围设备动作。 2.1.3 能进行工业机器人信号的仿真操作		

2.1.1 工业机器人集成系统通信规划

任务实施

1. 基于 PROFINET 的通信规划

工业机器人集成系统的总控单元 PLC、HMI 以及各个工艺单元模块上的远程 I/O 模块都带具备支持 PROFINET 通信的网口，各个单元之间可以通过 PRFOINET 协议实现通信，本项目中各个工艺单元的远程 I/O 模块由 PLC1 统一控制，通信关系如图 2-1 所示。

图 2-1 各个工艺单元通信关系

2. 基于 DeviceNet 总线的通信规划

集成系统的工业机器人配备有＿＿＿＿＿＿标准 I/O 板卡和扩展 I/O 模块，均挂接在工业机器人

续表

的 DeviceNet 总线通信模块上,与工业机器人控制器之间采用 DeviceNet 总线通信形式进行通信,通信示意如图 2-2 所示。

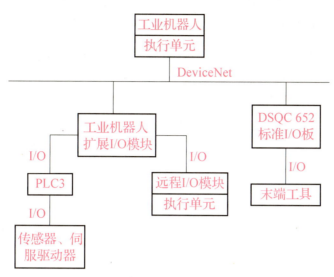

图 2-2　DeviceNet 总线通信

3. 基于 TCP 的通信规划

(1) S7-1200PLC 之间通信

开放式用户通信是一种程序控制的通信方式,可以使用多种通信类型,这种通信的特点是传输的数据结构比较灵活。通过在 PLC 中进行程序编写即可建立和断开事件驱动的通信连接。

S7-1200 的开放式用户通信可以使用_____和_____两种形式,通信伙伴就是两台 S7-1200 系列 PLC。总控单元的 PLC1 与 PLC2 都是西门子 S7-1200 系列的 PLC,两者之间可以考虑采用开发式用户通信的方法,实现按钮、指示灯等的统一控制,本项目中_____与_____之间开放式用户通信示意如图 2-3 所示。

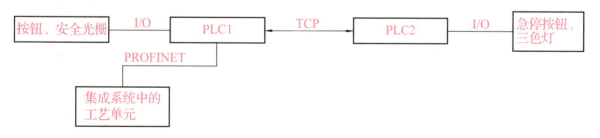

图 2-3　S7-1200PLC 之间通信

(2) 视觉检测单元基于 TCP 的网络通信

工业机器人集成系统中的视觉检测系统支持并行通信、_____等多种通信形式,本项目中工业机器人与视觉检测系统采用 TCP 通信方式进行数据交互,两者之间的通信示意如图 2-4 所示。

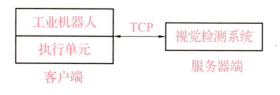

图 2-4　工业机器人与视觉检测系统通信

续表

4. 工业机器人集成系统通信规划

通过分析工业机器人集成系统中需要通信的设备以及各个设备之间的通信形式之后,对本项目中工业机器人集成系统通信作以下的规划,具体如图 2-5 所示。

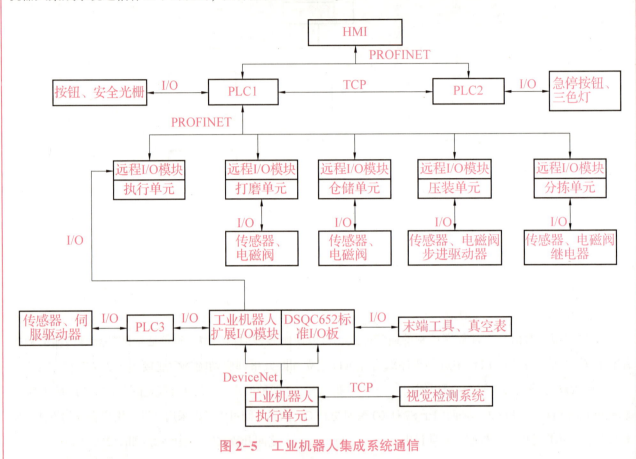

图 2-5 工业机器人集成系统通信

2.1.2 工业机器人系统扩展 I/O 模块配置

任务实施

1. DeviceNet 扩展 I/O 模块适配器配置

(1) 适配器配置方法

①I/O 模块适配器地址设置。

执行单元工业机器人的扩展 I/O 模块挂载在工业机器人的 DeviceNet 通信模块处,具有唯一的通信地址。扩展 I/O 模块地址可以通过适配器上的拨码开关旋钮进行设置,例如图 2-6 中站号地址十位处旋钮开关转到"Address×10"处的 1 时,表示_____;站号个位"×1"处旋转开关旋转到 1,表示_____,此时 I/O 模块的通信地址为_____。

②I/O 模块适配器波特率设置。

在信息传输通道中,携带数据信息的信号单元叫码元,每秒钟通过信道传输的码元数称为码元传输速率,简称波特率,它是传输通道频宽的指标。在适配器上可以进行波特率的设置,可设置的参数值见表 2-1。

续表

表 2-1 适配器波特率参数值

设置值	波特率
0	125kbps
1	250kbps
2	500kbps
其他值	无效

如图 2-6 所示，波特率的拨码开关拨到了 2，表示设置为_____kbps。

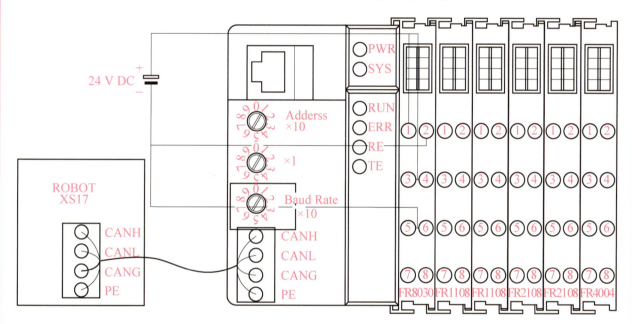

图 2-6 设置波特率

③适配器配置工具。

配置 FR8030 I/O 模块适配器时，需要使用_____转接装置，如图 2-7 所示。在使用转接装置进行硬件连接之前，需要先在 PC 中安装相应的驱动程序，CANManager 软件是配置适配器 FR8030 参数时使用的软件。

图 2-7 转接装置

（2）配置 DeviceNet 扩展 I/O 模块适配器

I/O 模块适配器配置的配置方法详见下表。

操作步骤	图　示
一、安装 USBCAN-E-D 转接装置驱动程序	
①打开电脑"＿＿＿＿"，在"其他设备"中右键点击"未知设备"，选择"更新驱动程序"	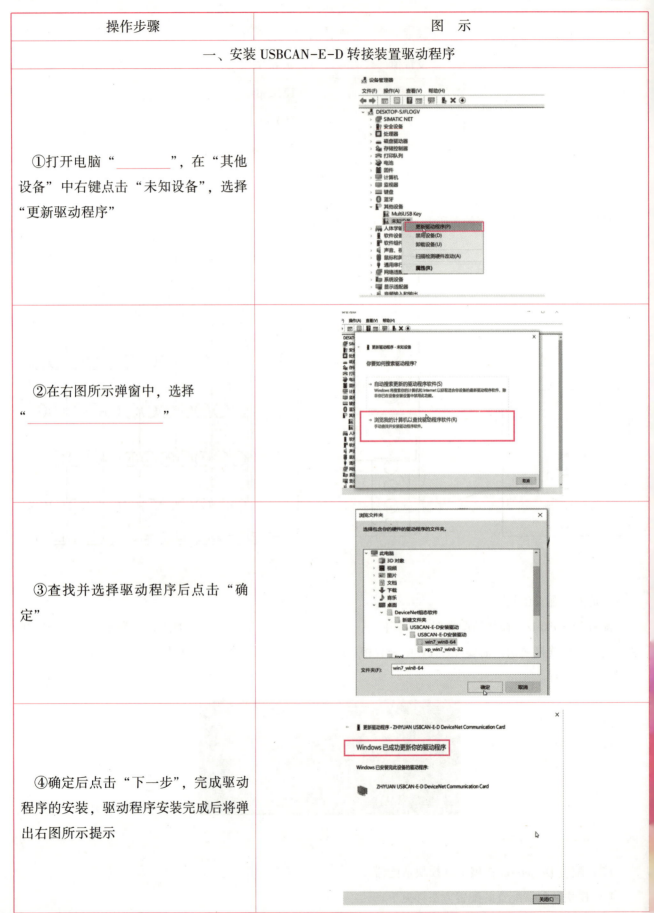
②在右图所示弹窗中，选择"＿＿＿＿＿＿＿＿＿＿"	
③查找并选择驱动程序后点击"确定"	
④确定后点击"下一步"，完成驱动程序的安装，驱动程序安装完成后将弹出右图所示提示	

续表

操作步骤	图　示
二、硬件接线	
①将_____转接装置的一端与计算机连接	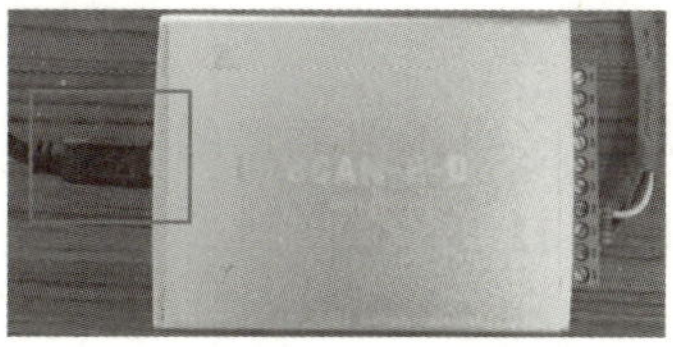 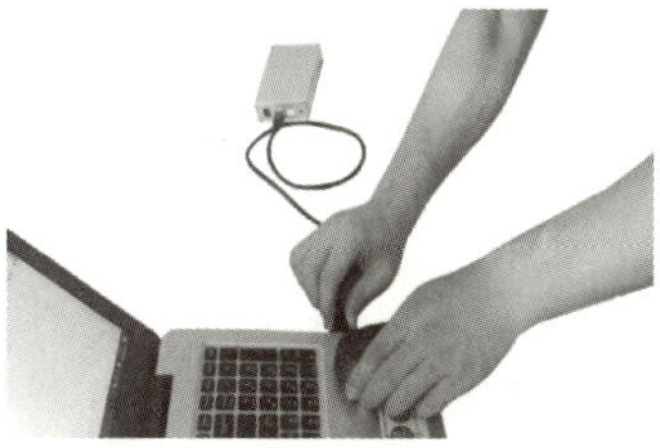
②将转接装置的另一端即_____通信端连接到适配器处	
三、使用 CANManager 软件配置适配器参数	
①在 PC 端打开软件"_____"，点击"添加网络"	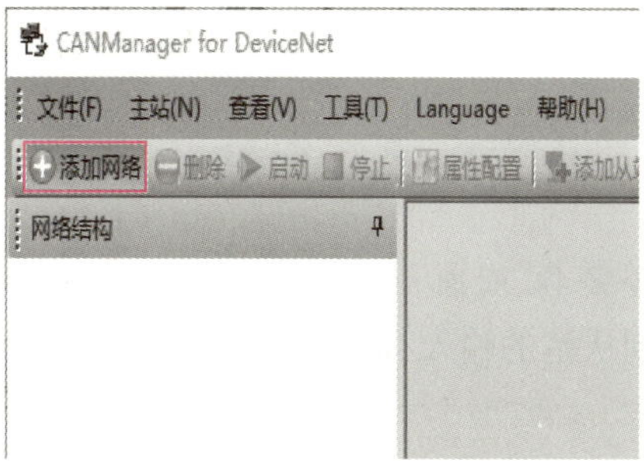
②选择与适配器 FR8030 实际波特率拨码开关设置的档位相对应的波特率值，如右图所示选择 500k，设备类型选择"USBCAN-E-D"	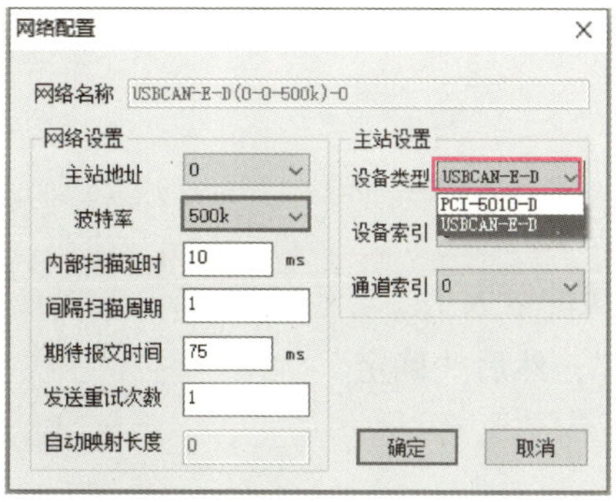

续表

操作步骤	图　示
③点击"添加从站",点击要添加的从站"FR8030_ Rev_ 1.1"	
④由于适配器 FR8030 实际地址的拨码开关设置为 20,故如右图所示将站号设置为 20,点击"确定"	
⑤鼠标右键选择已添加的从站,选择参数配置	
⑥在从站参数配置窗口点击"上传",可以看到从站的输入/输出模块	
⑦在参数组选择"＿＿＿＿",可以看到输入输出缓冲区大小。 点击"下载",然后"确定"	

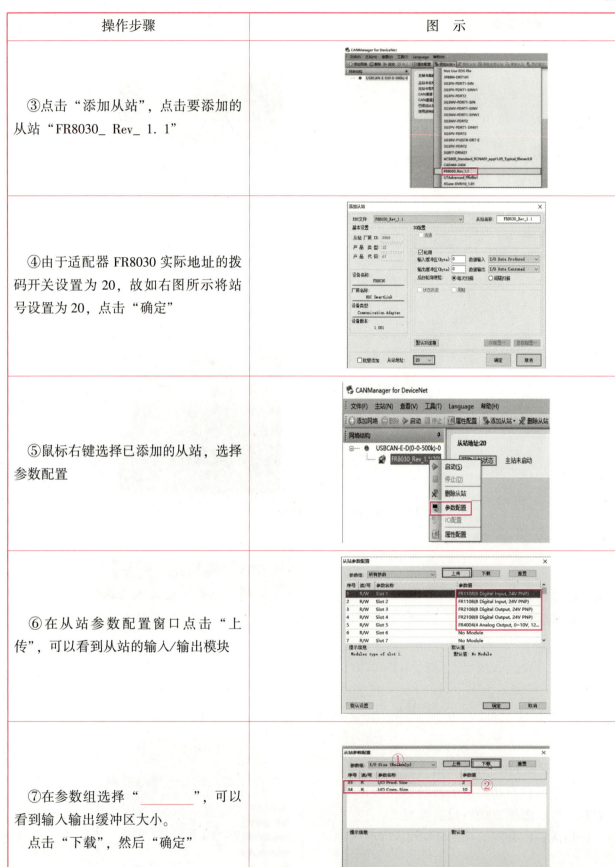

续表

操作步骤	图 示
⑧右击之前添加的从站，选择属性配置，根据上传的输入输出缓冲区，设置从站的属性，在弹出的属性配置窗口，设置输入输出缓冲区的大小	
⑨设置完成后，点击"确定"，然后点击"启动"按钮以写入数据	
⑩配置完成后，查看系统指示灯状态。若正常闪烁即配置成功	

2. 工业机器人扩展 I/O 模块配置

如图 2-8 所示，在设备断电的情况下，先将已完成配置的 FR8030 适配器 DeviceNet 接口和工业机器人控制柜前侧板上的 XS17DeviceNet 接口通过＿＿＿＿通信电缆相连。然后，按照表 2-2 所示参数，在工业机器人示教器中设置相应的通信参数，将扩展 I/O 模块挂载在工业机器人总线上。

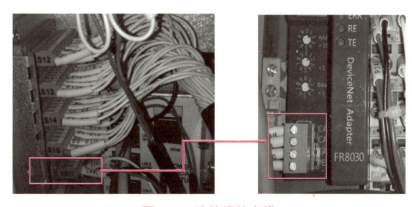

图 2-8　连接通信电缆

续表

表 2-2 工业机器人示教器通信参数

序号	参数项	参数值
1	模块名称（Name）	DN_Generic
2	地址（Address）	11
3	供应商 ID（Vendor ID）	9999
4	产品代码（Product Code）	67
5	设备类型（Devive Type）	12
6	通信类型（Connection Type）	Polled
7	轮询频率（Poll Rate）	_____
8	输出缓冲区长度（Connection Output Size）	_____
9	输入缓冲区长度（Connection Input Size）	2

工业机器人扩展 I/O 模块的配置步骤见下表。

操作步骤	图　　示
①在"_____"界面选择"配置"，进入系统配置界面	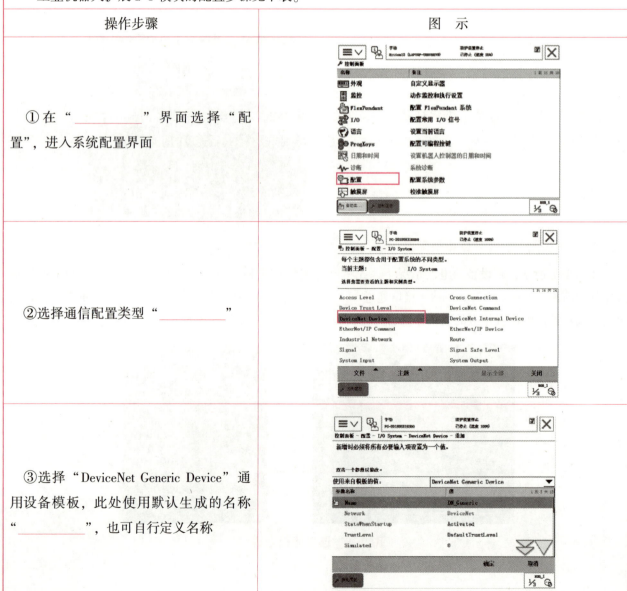
②选择通信配置类型"_____"	
③选择"DeviceNet Generic Device"通用设备模板，此处使用默认生成的名称"_____"，也可自行定义名称	

续表

操作步骤	图　示
④模块的通信地址设置为11，此处地址由设备适配器上的拨码开关决定，供应商代码（Vendor ID）、_____代码（Product Code）、_____类型（Device Type）等参数	
⑤模块通信连接类型选择轮询模式（Poll）、轮询频率默认1000，输出缓冲区长度为_____，输入缓冲区长度为_____，完成设置后选择"确定"，然后在弹窗提示下重启控制器，重启后配置将生效	

3. 工业机器人模拟量信号配置

本任务中工业机器人通过扩展I/O模块将速度数据传输至PLC3，PLC3控制驱动伺服滑台的伺服电机按照设置的运行速度运转，进而实现工业机器人对伺服滑台运行速度的间接控制。

信号的配置需在通信硬件接线已经完成的基础上进行，案例中将该信号配置在No.7FR4004模拟量输出模块上，此模块与PLC3已经完成标准I/O硬件接线，信号的地址及功能详见表2-3。

工业机器人模拟量信号配置

表2-3　工业机器人模拟量信号配置参数

信号名称	信号类型	对应I/O模块	I/O地址	功能说明
ToPAnaVelocity	AO	扩展I/O模块No.7 FR4004模拟量输出模块	_____	伺服滑台运动速度，该信号表示指定伺服滑台的运动速度值

进行信号ToPAnaVelocity配置前，需确定滑台实际的移动速度范围值，伺服滑台运动速度范围和工业机器人扩展I/O模块输出电压的对应关系如图2-9所示。设置ToPAnaVelocity信号的各个参数的含义见下表。完成信号配置后，扩展模拟量I/O模块可将工业机器人端设置的速度范围值的模拟量转化为_____的电信号传输至PLC3。

模拟量信号的配置步骤见下表。

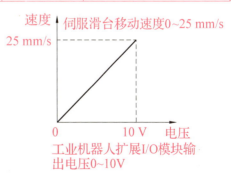

图2-9　伺服滑台运动速度与模拟信号输出电压的对应关系

续表

操作步骤	图 示
①在示教器主菜单界面，依次选择控制面板>配置>Signal 并进入信号配置界面，选择"添加"。 输入信号名称 ToPAnaVelocity，选择信号类型"_____"，并选择对应远程 I/O 模块"DN_ Generic"	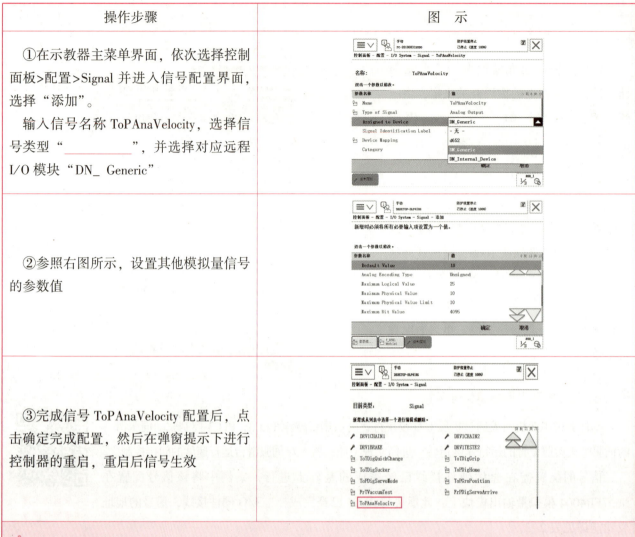
②参照右图所示，设置其他模拟量信号的参数值	
③完成信号 ToPAnaVelocity 配置后，点击确定完成配置，然后在弹窗提示下进行控制器的重启，重启后信号生效	

任务评价

1. 任务评价表

评价项目	比例	配分	序号	评价要素	评分标准	自评	教师评价
6S职业素养	30%	30分	①	选用适合的工具实施任务，清理无须使用的工具	未执行扣6分		
			②	合理布置任务所需使用的工具，明确标识	未执行扣6分		
			③	清除工作场所内的脏污，发现设备异常立即记录并处理	未执行扣6分		
			④	规范操作，杜绝安全事故，确保任务实施质量	未执行扣6分		
			⑤	具有团队意识，小组成员分工协作，共同高质量完成任务	未执行扣6分		

续表

评价项目	比例	配分	序号	评价要素	评分标准	自评	教师评价
工业机器人系统通信配置	70%	70分	①	能根据具体应用，完成工业机器人集成系统通信规划	未掌握扣20分		
			②	能完成工业机器人系统扩展I/O模块配置	未掌握扣30分		
			③	能通过外部数字信号和模拟信号（如将速度数据传输至PLC3），创建和关联合适的工业机器人信号	未掌握扣20分		
				合　计			

2. 活动过程评价表

评价指标	评价要素	分数	得分
信息检索	能有效利用网络资源、工作手册查找有效信息；能用自己的语言有条理地去解释、表述所学知识；能将查找到的信息有效转换到工作中	10	
感知工作	是否熟悉各自的工作岗位，认同工作价值；在工作中，是否获得满足感	10	
参与状态	与教师、同学之间是否相互尊重、理解、平等；与教师、同学之间是否能够保持多向、丰富、适宜的信息交流。探究学习、自主学习不流于形式，处理好合作学习和独立思考的关系，做到有效学习；能提出有意义的问题或能发表个人见解；能按要求正确操作；能够倾听、协作分享	20	
学习方法	工作计划、操作技能是否符合规范要求；是否获得了进一步发展的能力	10	
工作过程	遵守管理规程，操作过程符合现场管理要求；平时上课的出勤情况和每天完成工作任务情况；善于多角度思考问题，能主动发现、提出有价值的问题	15	
思维状态	是否能发现问题、提出问题、分析问题、解决问题	10	
自评反馈	按时按质完成工作任务；较好地掌握了专业知识点；具有较强的信息分析能力和理解能力；具有较为全面严谨的思维能力并能条理明晰表述成文	25	
	总　分	100	

任务 2.2 工业机器人中断程序编程与调试

本任务将执行中断程序开发，根据工作站的布局开发中断程序并完成调试。工作站布局图如图 2-10 所示。

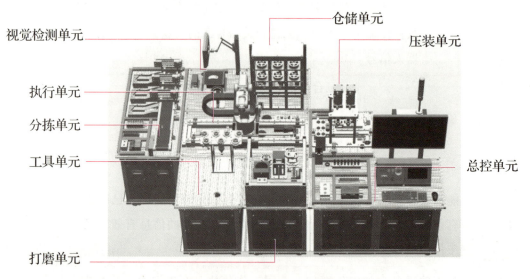

图 2-10 工作站布局图

任务页——工业机器人中断程序编程与调试

工作任务	工业机器人中断程序编程与调试	教学模式	理实一体
建议学时	参考学时共 4 学时，其中相关知识学习 2 学时；学员练习 2 学时	需设备、器材	工业机器人集成设备
任务描述	根据工作站的布局开发中断程序并完成调试		
职业技能	2.2.1 能熟练地调用工业机器人中断程序		

2.2.1 中断程序规划

任务实施

1. 中断程序功能规划

工业机器人集成系统配备有物理隔离防护设施-安全光栅，如图 2-11 所示。

当操作人员或其他障碍物出现在安全光栅检测区域时，光栅传感器输出信号将通过 PLC 传递给工业机器人，触发工业机器人的中断，从而使工业机器人停止运行，保障人身及设备安全。当安全光栅检测区域无障碍物时，工业机器人将在停止运行的位置恢复之前的运行状态并继续执行程序。

续表

图 2-11 安全光栅

2. 中断程序通信规划

安全光栅通过硬件接线接到了 PLC1 的板载 I/O 输入上,因此触发光栅的输入信号可以看作总控单元 PLC1 的一个外部输入信号。触发工业机器人中断程序的数字量输入信号为 FrPDigStop,配置在工业机器人数字量输入扩展 I/O 模块 No.2FR1108 上,信号的功能见下表。

信号名称	对应工业机器人 I/O 模块	机器人 I/O 地址	功能说明	对应硬件	PLC1 地址
FrPDigStop	数字量输入扩展 I/O 模块 No.2FR1108	12	当信号值为 1 时,将触发中断程序,使工业机器人立即停止运行。当信号值为 0 时,工业机器人可以正常运行	执行单元 PLC1 数字量输出远程 I/O 模块 No.6FR2108	Q17.4

2.2.2 中断程序编写与调试

任务实施

1. 中断程序编写

工业机器人中断程序的编写步骤见下表。

工业机器人中断程序编写及调试

操作步骤	图 示
一、编写中断程序	
①新建类型为"中断"的例行程序并重命名	

续表

操作步骤	图 示
②编写图示中断程序。 停止工业机器人当前移动，保存当前移动路径，并记录在 SavePoint 点位中。示教器写屏程序提示"确认是否触发安全光栅"。当 FrP-DigStop 信号为 0 时，工业机器人返回至出现中断的位置，并继续沿编程路径移动	

二、编写触发中断程序段

| ①新建 Initiallize 初始化程序，在初始化程序中编写触发中断执行的程序段，该段程序在经过初始化之后即始终生效，无须在其他程序中反复调用。
程序注释：首先取消当前中断识别号 intno1 的连接，防止中断的误触发；将中断识别号与中断程序进行关联；当输入信号值 FrPDigStop 为 1 时，触发中断，此时会执行 FInterrupt 中断程序 |  |

2. 中断程序调试

新建例行程序 FTestInt 用于中断程序功能测试，该例行程序中工业机器人的运动轨迹为打磨轮毂上表面的圆形轨迹，如图 2-12 所示，循环执行一个圆形的打磨轨迹，工业机器人中断程序的调试步骤见下表。

打磨轨迹

图 2-12　运动轨道

操作步骤	图 示
①例行程序中工业机器人的运动轨迹为打磨轮毂上表面，循环执行一个圆形的打磨轨迹	

续表

操作步骤	图　示
②在主程序中调用初始化程序 Initiallize 和 FTestInt 中断功能测试程序。 运行主程序，使工业机器人处于循环执行轨迹的状态	
③工业机器人正常运行程序时，如光栅检测区域有障碍物时，工业机器人应当立即停止运动，示教器写屏提示"Please confirm whether the safty grating is triggered"。 此时进入数字量输入界面，观察信号 FrPDigStop 是否由 0 变为 1	
④当安全光栅的检测区域没有障碍物时，工业机器人应从之前停止的位置继续恢复之前的运行状态，在数字量输入界面观察信号 FrPDigStop，如由 1 变为 0 则表示中断程序功能正常	

⑤若观察到的工业机器人的动作以及信号 FrPDigStop 的变化与上述不符，需要依次排查中断程序编写是否正确、检查信号地址配置是否正确、排查硬件设备之间的接线是否正确。若不正确，需要重新修改程序、更改信号地址，或重新接线，直到中断程序的功能测试正常

续表

任务评价

1. 任务评价表

评价项目	比例	配分	序号	评价要素	评分标准	自评	教师评价
6S职业素养	30%	30分	①	选用适合的工具实施任务，清理无须使用的工具	未执行扣6分		
			②	合理布置任务所需使用的工具，明确标识	未执行扣6分		
			③	清除工作场所内的脏污，发现设备异常立即记录并处理	未执行扣6分		
			④	规范操作，杜绝安全事故，确保任务实施质量	未执行扣6分		
			⑤	具有团队意识，小组成员分工协作，共同高质量完成任务	未执行扣6分		
工业机器人中断程序编程与调试	70%	70分	①	能完成中断程序的规划	未掌握扣20分		
			②	能完成中断程序的通信规划	未掌握扣20分		
			③	能编写中断程序	未掌握扣20分		
			④	能完成中断程序的调试	未掌握扣10分		
合　计							

2. 活动过程评价表

评价指标	评价要素	分数	得分
信息检索	能有效利用网络资源、工作手册查找有效信息；能用自己的语言有条理地去解释、表述所学知识；能将查找到的信息有效转换到工作中	10	
感知工作	是否熟悉各自的工作岗位，认同工作价值；在工作中，是否获得满足感	10	
参与状态	与教师、同学之间是否相互尊重、理解、平等；与教师、同学之间是否能够保持多向、丰富、适宜的信息交流。探究学习、自主学习不流于形式，处理好合作学习和独立思考的关系，做到有效学习；能提出有意义的问题或能发表个人见解；能按要求正确操作；能够倾听、协作分享	20	

续表

评价指标	评价要素	分数	得分
学习方法	工作计划、操作技能是否符合规范要求；是否获得了进一步发展的能力	10	
工作过程	遵守管理规程，操作过程符合现场管理要求；平时上课的出勤情况和每天完成工作任务情况；善于多角度思考问题，能主动发现、提出有价值的问题	15	
思维状态	是否能发现问题、提出问题、分析问题、解决问题	10	
自评反馈	按时按质完成工作任务；较好地掌握了专业知识点；具有较强的信息分析能力和理解能力；具有较为全面严谨的思维能力并能条理明晰表述成文	25	
总　分		100	

任务2.3　工业机器人搬运案例程序编写与调试

本任务将执行工业机器人搬运的典型工作任务。搬运任务中工业机器人程序，可以通过程序的编写或调用的方式实现案例所需功能。

知识页——工业机器人搬运案例程序的动作出发指令

1. TriggL 指令

TriggL 指令用于工业机器人在线性运动过程中在指定位置准确的触发事件（如置位输出信号、触发装置动作、激活中断等），指令在示教器中的位置如图 2-13 所示，指令中参数的说明见表 2-4。

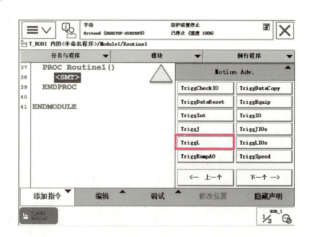

图 2-13　TriggL 指令在示教器中位置

表 2-4　TriggL 指令包含的常见参数

指令中常见参数	数据类型	功能
ToPoint	robtarget	存储工业机器人和外部轴的目标点
Speed	speeddata	运动速度数据规定了工具中心点、外轴和工具方位调整的速率
[\T]	num	该参数用于规定机械臂运动的总时间，以秒计
Trigg_1	triggdata	指代先前在程序中通过使用指令 TriggIO、TriggEquip、TriggInt、TriggSpeed 中定义的触发条件和触发活动的变量
Zone	zonedata	相关移动的区域数据，TCP 所产生的拐角路径的大小
Tool	tooldata	当前工业机器人移动时使用的工具（TCP）

2. TriggIO 指令

TriggIO 用于定义工业机器人移动路径沿线固定位置处的数字量输出信号、数字量组输出信号或模拟量输出信号的触发条件和行动。指令在示教器中的位置如图 2-14 所示，指令中参数的说明见表 2-5。

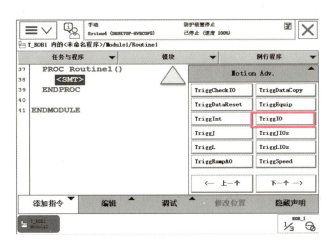

图 2-14　TriggIO 指令在示教器中的位置

表 2-5　TriggIO 指令包含的常见参数

指令中常见参数	数据类型	功能
Triggdata	triggdata	用于储存 triggdata 的变量，并将此类 triggdata 用于 TriggL、TriggC 或 TriggJ 指令
Distance	num	定义为距移动路径终点的距离出现 I/O 事件的位置，以 mm 计（正值）。（未设置参数 \ Start 或 \ Time 时适用）
[\ Start]	switch	当 Distance 的距离始于移动起点而非终点时使用
[\ Time]	switch	当 Distance 的指定值实际为时间（以秒计，且为正值）而非距离时使用。仅可用于短时间（<0.5s）
[\ DOp]	signaldo	I/O 事件中，应当发生改变的输出信号的名称
[\ GOp]	signalgo	
[\ AOp]	signalao	
SetValue	num	信号的期望值
[\ DODelay]	num	仅用于在机械臂已达到指定位置后，延迟信号输出，以秒计（正值）；若省略本参数，则不会信号输出延迟

3. 动作触发案例

下面以图 2-15 所示案例为例，讲解使用 TriggL 和 TriggIO 指令在一个准确的位置触发一个数字量输出信号复位的方法。

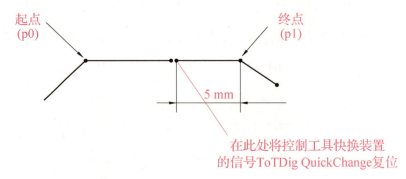

图 2-15 触发数字量输出信号示例图

VAR triggdata QuickChangeMotion；

！定义触发数据 QuickChangeMotion

TriggIO QuickChangeMotion，5＼DOp：=ToTQuickChange，1；

！定义触发事件，在距离指定目标点前 5mm 处，触发指定事件，即将数字量输出信号 ToTQuickChange 置位为 1。

TriggL p1，v500，QuickChangeMotion，fine，tool0；

！执行 TriggL，调用触发事件 QuickChangeMotion，即工业机器人末端工具在朝 p1 点线性运动过程中，在距离 p1 前 5mm 处，将数字量输出信号 ToTQuickChange 置位为 1。

知识测试

一、单项选择题

1. 以下哪个场景不会使用 TriggL 指令？（　　）

A. 置位输出信号　　B. 触发装置动作　　C. 视觉通信　　D. 激活中断

2. 以下哪个指令只适合 ABB 机器人在圆弧轨迹运动中的动作触发？（　　）

A. TriggL　　B. TriggC　　C. TriggIO　　D. TriggJ

3. 存储 TriggIO 指令的 triggdata 的变量参数是（　　）。

A. Triggdata　　B. Distance　　C. Time　　D. SetValue

二、简答题

1. 解释程序"VAR triggdata QuickChangeMotion；"的含义。

2. 解释程序"TriggIO QuickChangeMotion，5＼DOp：=ToTQuickChange，1；"的含义。

3. 解释程序"TriggL p1，v500，QuickChangeMotion，fine，tool0；"的含义。

任务页——工业机器人搬运案例程序编写与调试

工作任务	工业机器人搬运案例程序编写与调试	教学模式	理实一体
建议学时	参考学时共4学时，其中相关知识学习2学时；学员练习2学时	需设备、器材	工业机器人集成设备
任务描述	搬运任务中工业机器人程序，可以通过程序的编写或调用的方式实现案例所需功能		
职业技能	2.2.2 能正确使用动作触发指令。 2.2.3 能完成工业机器人典型工作任务（如搬运码垛、装配车）的程序编写		

2.3.1 搬运工艺程序规划

 任务实施

1. 搬运轮毂工艺流程规划

仓储单元的六个料仓处均放有正面朝上的轮毂，如图2-16所示。

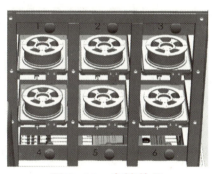

图2-16 仓储单元

通过仓储单元手动控制界面可控制指定料仓弹出，工业机器人收到_____的信号之后，将移动到工具单元处，装载1号夹爪工具，然后移动至弹出的料仓处取出轮毂，将轮毂放置到_____的上料工位，最后工业机器人将1号夹爪工具放回工具架，工业机器人搬运轮毂的工艺流程如图2-17所示。

| 通过触摸屏指定仓储单元某个料仓弹出 | 工业机器人选用1号夹爪工具取出轮毂 | 压装单元滑台移动到轮毂上料工位 | 将轮毂放到压装单元安放轮毂工装上，最后将工具放回工具架 |

图2-17 搬运轮毂工艺流程

2. 搬运轮毂程序规划

工业机器人搬运轮毂流程程序规划如图2-18所示。

搬运轮毂流程程序PCarryHub包含的各个子程序的功能如下：

（1）MGetTool 取工具程序

该程序为带参数的例行程序，改变工具参数号（工具参数号对应工具架上工具的编号顺序）后，工业机器人取工具架上对应工具编号的工具。

图 2-18 搬运轮毂流程程序规划

（2）FRobotSlide 伺服滑台移动程序

该程序为带参数的例行程序，输入_____和_____参数后，可以控制伺服滑台以设定的速度在导轨上移动到指定位置。

（3）MGetHub 取料仓轮毂程序

工业机器人接收到触摸屏上选择的_____信号之后，沿着滑台移动至此料仓位置处，取出该轮毂。

（4）FHubSlide 压装单元滑台移动程序

该程序为带参数的例行程序，参数对应不同工位。改变参数号后运行程序，可以控制压装单元滑台移动到_____工位、压车标工位。

（5）MPutToPressUnit 压装单元上料程序

该程序的功能是工业机器人将料仓中已取出的轮毂放置到压装单元的上料工位上。

（6）MPutTool 放工具程序

该子程序为带参数的例行程序，改变工具参数号（工具参数号对应工具架上工具的编号顺序），工业机器人可以将工具放回到工具架对应工具_____的位置上。

3. 运动路径及点位规划

经过分析工艺流程可知，仅取、放工具，取料仓轮毂和将轮毂放置到压装单元上料工位涉及工业机器人的运动路径，运动路径具体规划如下：

（1）路径规划

①工业机器人以工作原点 Home 的姿态随滑台运动到拾取工具单元位置附近，然后进行 1 号夹爪工具（可取正面朝上的轮毂）的装载。

②工业机器人随滑台移动到仓储单元位置附近，调整姿态到_____或 HomeLeft（位置由弹出仓位决定），取出弹出料仓中的轮毂零件。

③工业机器人随滑台移动到压装单元位置附近，调整姿态到_____，将轮毂零件放置到压装单元的上料工位处。

④工业机器人随滑台移动到工具单元位置附近，调整姿态到工作原点 Home，将 1 号夹爪工具放回到工具架上。

（2）点位、坐标系及变量规划

工业机器人搬运程序中的空间轨迹点位、坐标系及变量见下表。

续表

名称	功能描述
工业机器人空间轨迹点	
Home	工业机器人工作原点安全姿态（其中一轴、二轴、三轴、四轴、六轴均为0°，五轴为90°）
HomeLeft	工业机器人工作原点左侧安全姿态（其中二轴、三轴、四轴、六轴均为0°，一轴和五轴为90°）
HomeRight	工业机器人工作原点右侧安全姿态（其中二轴、三轴、四轴、六轴均为0°，一轴为-90°，五轴为90°）
Area0600R	取、放工具过渡点位
Area0100R	取、放1号和4号料仓轮毂过渡点位
Area0101R	取、放2号和5号料仓轮毂过渡点位
Area0102R	取、放3号和6号料仓轮毂过渡点位
ToolPoint {7}	一维数组，用于存放工业机器人取、放_____个工具的点位数据
StorageHubPoint {6}	一维数组，用于存放工业机器人取、放仓储单元六个仓位处轮毂的点位数据
Area0301W	压装单元上料工位
工具坐标系	
tool0	默认TCP（法兰盘中心）
变量	
NumPosition	用于存储伺服滑台位置的中间变量
QuickChangeMotion	_____数据，对应使快换装置主端口钢珠缩回

4. I/O信号规划

工业机器人搬运案例程序的信号规划见下表。

信号名称	机器人I/O地址	功能说明	对应硬件	PLC地址
FrPDigServoArrive	15	伺服滑台运动到位的反馈信号，当信号值为1时，表示伺服滑台移动到指定距离位置；当信号为0时，表示伺服滑台尚未移动到指定距离位置	PLC3板载数字量输出	Q0.4
FrPDigStorage1Out~FrPDigStorage6Out	0~5	料仓弹出反馈信号，信号值为1时，分别表示告知工业机器人仓储单元的1~6号料仓已经弹出到位	总控单元PLC1远程I/O模块No.5FR2108输出信号	Q16.0~Q16.5

续表

信号名称	机器人 I/O 地址	功能说明	对应硬件	PLC 地址
FrPDigStepArrive	10	压装单元滑台运动到位反馈信号，信号值为1时，表示压装单元滑台运动到位；滑台运动到位的反馈信号；当信号为0时，表示滑台尚未移动到指定距离位置	总控单元 PLC1 远程 I/O 模块 No.6FR2108 输出信号	Q17.2
ToPAnaVelocity	32-47	控制伺服滑台运动速度信号，该信号值用于指定伺服滑台的运动速度值	PLC3 板载模拟量输入信号	IW64
ToTDigQuickChange	0	控制工具快换装置动作，当信号值为1时，控制工具快换装置主端口钢珠缩回；当信号值为0时，控制工具快换装置主端口钢珠弹出	快换装置	—
ToTDigGrip	2	控制夹爪类工具动作，当信号值为1时，控制夹爪工具闭合；当信号值为0时，控制夹爪工具张开	夹爪类工具	—
ToPDigHome	8	控制伺服滑台回原点信号，信号值为1时，通过PLC3间接控制滑台回原点	PLC3SM1221 数字量输入模块	I9.0
ToPDigServoMode	11	伺服滑台自动/手动模式切换信号，信号值为____时为自动模式，可通过给定工业机器人运动参数控制伺服滑台移动；值为____时为手动模式，可实现手动点动控制伺服滑台移动		I9.3
ToPDigFinishHub	13	料仓取/放料完成信号，信号值为1时触发 PLC1 间接控制对应料仓缩回	执行单元 PLC1 远程 I/O 模块 No.2FR1108 数字量输入模块	I17.5

续表

信号名称	机器人 I/O 地址	功能说明	对应硬件	PLC 地址
ToPDigHubSlide1	21	控制压装单元滑台移动到上料工位信号，信号值为_____时触发 PLC1 间接控制压装单元滑台移动到上下料工位	执行单元 PLC1 远程 I/O 模块 No.3FR1108 数字量输入模块	I18.5
ToPDigHubSlide2	22	控制压装单元滑台移动到压车标工位信号，信号值为_____时触发 PLC1 间接控制压装单元滑台移动到压车标工位		I18.6
ToPDigStepHome	25	控制压装单元滑台回原点信号，信号值为 1 时触发 PLC1 间接控制压装单元滑台回原点	执行单元 PLC1 远程 I/O 模块 No.4FR1108 数字量输入模块	I19.1
ToPGroPosition	0~7	控制伺服滑台移动距离信号，自动模式时，设置组信号的值触发 PLC3 间接控制滑台移动的距离（0~760mm 行程范围）	PLC3 SM1221 数字量输入模块	IB8

2.3.2 搬运工艺程序编写与调试

任务实施

1. 程序编写

（1）编写初始化程序 Intiallize

工业机器人搬运案例程序的初始条件包括：_____、加速度的初始化、工业机器人需要回到 Home 原点安全位姿、_____、压装单元滑台需要回到原点、伺服滑台速度初始化、复位伺服滑台自动/手动模式切换信号、复位控制压装单元滑台移动到上料工位信号、定义动作触发指令的触发事件、变量的初始化，初始化程序如下：

工业机器人搬运程序调试

```
PROC Initiallize（  ）
AccSet50，100；！将工业机器人加速度限制在最大值的 50%
VelSet70，800；！将工业机器人运行速度控制为最大运行速度的 70%
MoveAbsJ Home \ NoEOffs，v1000，fine，tool0；！将机器人移动到起始安全点位
Set ToPDigHome；！控制伺服滑台回原点
WaitTime1；
WaitDI FrPDigServoArrive，1；！伺服滑台回原点到位
Reset ToPDigHome；
```

续表

Set ToPDigStepHome；! 控制压装单元滑台回_____

WaitTime1；

WaitDI FrPDigStepArrive，1；! 压装单元滑台回原点到位

Reset ToPDigStepHome；

SetAO ToPAnaVelocity，0；! 设置伺服滑台初始速度为0

Reset ToPDigServoMode；! 复位_____信号

Reset ToPDigHubSlide1；! 复位控制压装单元滑台移动到上料工位信号

TriggIO QuickChangeMotion，10 \ DOp：=ToTDigQuickChange，1；! 定义触发事件，在距离指定目标点前10mm处，触发指定事件，即将数字量输出信号ToTQuickChange置位为1。

NumPosition：=0；! 为变量NumPosition赋初值

ENDPROC

（2）编写伺服滑台移动程序FRobotSlide

伺服滑台移动程序是一个带参数的例行程序，包含2个参数，_____和_____，参数分别命名为Position和Velocity。伺服滑台的移动范围为0~760mm，滑台移动的速度范围为0~25mm/s。

案例中使用8个数字量输出信号组成一个组信号ToPGroPosition（组信号值范围0~255），用于向PLC3发送滑台移动位置数据从而控制伺服滑台的移动范围，此时伺服滑台移动的范围只能在_____之间。为了使伺服滑台满足移动距离范围在_____mm，在PLC程序中会对工业机器人实际传递过去的组信号ToPGroPosition的值进行乘_____处理；在工业机器人编程中应当设置位置参数输入区间，避免输入超行程的运动位置。

为保证程序控制时位置参数输入的直观性，工业机器人编程时在Position参数输入实际位置值，然后在程序中对输入参数值进行除以3操作并保存在中间变量NumPosition中，再将中间变量NumPosition赋值给位置组信号ToPGroPosition并发送至PLC。

注意：采用以上方案编写程序时，为保证移动距离的准确性，需保证点位示教位置处滑台移动距离可被3整除。

速度参数可直接赋值到模拟量输出信号ToPAnaVelocity并发送到PLC。工业机器人伺服滑台移动程序的编写步骤见下表。

操作步骤	图　示
①建立带参数的例行程序FRobotSlide（numPosition，numVelocity）	

续表

操作步骤	图　示
②使用"＿＿＿＿"条件判断指令，判定输入的位置值是否在滑台行程范围之内。 如果在行程范围之内，将该位置值除以3，将结果赋值给中间变量 NumPosition	`IF Position>=0 OR Position<=760 THEN` 　　`NumPosition:=Position DIV 3;`

③将模拟量输出信号"ToPAnaVelocity"的值设置为"＿＿＿＿＿"中的输入数值，将组输出信号"ToPGroPosition"的值设置为"＿＿＿＿＿"中的数值。
然后置位滑台运动模式切换信号，控制滑台按照设定速度移动到指定位置
	`SetAO ToPAnaVelocity,Velocity;`
	`SetGO ToPGroPosition, NumPosition;`
	`Set ToPDigServoMode;`

④添加＿＿＿＿指令，等待滑台到位的反馈信号。 注意，等待之前需要添加等待时间，补偿系统响应时间	`WaitTime 1;` `WaitDI FrPDigServoArrive,1;`
⑤复位伺服运动模式信号，执行该指令后，滑台恢复至手动模式	`Reset ToPDigServoMode;`

（3）编写取、放工具程序

取、放工具程序都采用带参数的例行程序的形式，在参数中输入对应工具架上的工具编号后，运行程序即可以拾取或放置对应编号的工具，取、放工具程序的编写步骤见下表。

操作步骤	图　示
取工具程序 MGetTool	
①建立＿＿＿＿的例行程序 MGetTool	（例行程序声明界面：名称 MGetTool，类型 程序，参数 num a，数据类型 num，模块 Program）
②添加工业机器人运动到原点安全点位程序段	`PROC MGetTool(num a)` 　　`MoveAbsJ Home\NoEOffs,V800,fine,tool0;`
③添加运动指令，工业机器人经过渡点运动至取工具位上方 50mm 的位置	`MoveJ Area0600R,V500,z20,tool0;` `MoveL Offs(ToolPoint{a},0,0,50),v500,z20,tool0;`

④利用＿＿＿＿指令使工业机器人在朝着工具位上方＿＿＿＿位置处移动的过程中，调用触发事件 QuickChangeMotion（见初始化程序）	`PROC MGetTool(num a)`
	　　`MoveAbsJ Home\NoEOffs,V800,fine,tool0;`
	　　`MoveJ Area0600R,V500,z20,tool0;`
	　　`MoveL Offs(ToolPoint{a},0,0,50),v500,z20,tool0;`
	　　`TriggL Offs(ToolPoint{a},0,0,5),v100,QuickChangeMotion,fine,tool0;`

续表

操作步骤	图示
| ⑤添加指令语句，使工业机器人移动至取工具位置，复位信号 ToTDigQuickChange 安装工具，安装完工具后向上抬起_____ | ```
MoveL ToolPoint{a},v40,fine,tool0;
WaitTime 0.5;
Reset ToTDigQuickChange;
WaitTime 0.5;
MoveL Offs(ToolPoint{a},0,0,10),v50,fine,tool0;
``` |
| ⑥使用 Test 逻辑判断指令，添加_____种 case 情况，对应于工业机器人取出工具架上_____个不同工具编号的工具的路径（见右图） | ```
TEST a
CASE 1:
    MoveL Offs(ToolPoint{a},0,70,10),v100,z10,tool0;
    MoveL Offs(ToolPoint{a},-100,70,10),v100,z10,tool0;
    MoveL Offs(ToolPoint{a},-100,70,30),v100,z10,tool0;
CASE 2:
    MoveL Offs(ToolPoint{a},-80,0,10),v100,z10,tool0;
    MoveL Offs(ToolPoint{a},-80,0,30),v100,z10,tool0;
CASE 3:
    MoveL Offs(ToolPoint{a},-80,0,10),v100,z10,tool0;
    MoveL Offs(ToolPoint{a},-80,0,30),v100,z10,tool0;
CASE 4:
    MoveL Offs(ToolPoint{a},0,-70,10),v100,z10,tool0;
    MoveL Offs(ToolPoint{a},-100,-70,10),v100,z10,tool0;
    MoveL Offs(ToolPoint{a},-100,-70,30),v100,z10,tool0;
CASE 5:
    MoveL Offs(ToolPoint{a},75,0,10),v100,z10,tool0;
    MoveL Offs(ToolPoint{a},75,0,30),v100,z10,tool0;
CASE 6:
    MoveL Offs(ToolPoint{a},75,0,10),v100,z10,tool0;
    MoveL Offs(ToolPoint{a},75,0,30),v100,z10,tool0;
CASE 7:
    MoveL Offs(ToolPoint{a},75,0,10),v100,z10,tool0;
    MoveL Offs(ToolPoint{a},75,0,30),v100,z10,tool0;
``` |
| ⑦最后使工业机器人回到取工具前过渡点位，再回到工业机器人原点安全姿态 | ```
MoveJ Area0600R,v500,z20,tool0;
MoveAbsJ Home\NoEOffs,V800,fine,tool0;
``` |

工业机器人放工具程序的编程方法和取工具程序类似，此处不再赘述，放工具程序 MPutTool 示例程序如下：

PROCMPutTool(numa)

MoveAbsJ Home\NoEOffs,v800,fine,tool0;！工业机器人运动到原点安全姿态

MoveJ Area0600R,v500,z20,tool0;！工业机器人到达取放工具前过渡点位

TESTa

CASE1:！放1号夹爪工具

MoveL Offs(ToolPoint{a},-100,70,30),v800,z10,tool0;

MoveL Offs(ToolPoint{a},-100,70,10),v100,z10,tool0;

MoveL Offs(ToolPoint{a},0,70,10),v100,z10,tool0;

CASE2:！放2号吸盘工具

MoveL Offs(ToolPoint{a},-80,0,30),v800,z10,tool0;

MoveL Offs(ToolPoint{a},-80,0,10),v800,z10,tool0;

CASE3:！放3号夹爪工具

MoveL Offs(ToolPoint{a},-80,0,30),v800,z10,tool0;

MoveL Offs(ToolPoint{a},-80,0,10),v800,z10,tool0;
```

续表

CASE4:！放4号表面打磨工具

MoveL Offs（ToolPoint｛a｝，-100，-70，30），v800，z10，tool0；

MoveL Offs（ToolPoint｛a｝，-100，-70，10），v100，z10，tool0；

MoveL Offs（ToolPoint｛a｝，0，-70，10），v100，z10，tool0；

CASE5:！放5号轮毂内圈夹爪工具

MoveL Offs（ToolPoint｛a｝，75，0，30），v100，z10，tool0；

MoveL Offs（ToolPoint｛a｝，75，0，10），v100，z10，tool0；

CASE6:！放6号侧面打磨工具

MoveL Offs（ToolPoint｛a｝，75，0，30），v100，z10，tool0；

MoveL Offs（ToolPoint｛a｝，75，0，10），v100，z10，tool0；

CASE7:！放7号吸盘工具

MoveL Offs（ToolPoint｛a｝，75，0，30），v100，z10，tool0；

MoveL Offs（ToolPoint｛a｝，75，0，10），v100，z10，tool0；

ENDTEST

MoveL Offs（ToolPoint｛a｝，0，0，10），v50，fine，tool0；

MoveL ToolPoint｛a｝，v40，fine，tool0；！到达释放工具的位置

WaitTime0.5；

Set ToTDigQuickChange；！松开工具

WaitTime0.5；

MoveL Offs（ToolPoint｛a｝，0，0，30），v100，z20，tool0；！工业机器人放完工具抬起时的过渡点

MoveL Offs（ToolPoint｛a｝，0，0，50），v800，z20，tool0；

MoveJ Offs（ToolPoint｛a｝，0，0，100），v800，z20，tool0；

MoveJ Area0600R，v500，z20，tool0；

MoveAbsJ Home \ NoEOffs，v800，z10，tool0；！回到工业机器人原点安全姿态

ENDPRO

（4）写取料仓轮毂程序 MGetHubC

取轮毂程序中，工业机器人会根据 PLC 反馈的已经弹出料仓到位信息，在伺服滑台带动下移动到伺服导轨相应的料仓取料位置，然后拾取对应料仓中的轮毂，料仓取轮毂程序的编程步骤见下表。

操作步骤	图 示
①建立料仓取轮毂例行程序 MGetHub	

续表

操作步骤	图示
②添加_____的条件分支判断语句，实现工业机器人对PLC端发送的关于已弹出料仓信息的判断，根据判断结果，决定取轮毂仓位。 当FrPDigStorage1Out信号值为_____时，表示1号料仓已弹出。控制伺服滑台移动到_____位置处，工业机器人运动到原点右侧安全姿态，再移动到取料的过渡点，确保夹爪处于松开状态，工业机器人移动到1号料仓取料位置，控制夹爪工具夹取轮毂	 

③置位料仓取/放轮毂完成信号，通过PLC间接控制料仓缩回；添加运动指令使工业机器人运动到取1号料仓轮毂的过渡点位。
参照以上方法，完成其余2~6号料仓取轮毂程序段的编写
	`Set ToPDigFinishHub;`
	`WaitTime 0.5;`
	`MoveJ Area0100R,V500,z20,tool0;`

④复位料仓取/放轮毂完成信号，使工业机器人回到原点安全姿态	`Reset ToPDigFinishHub;`
	`WaitTime 0.5;`
	`MoveAbsJ Home\NoEOffs,v400,z100,tool0;`

（5）编写压装单元滑台移动程序FHubSlide

压装单元滑台移动程序采用带参数的例行程序形式，通过输入参数号1或2，可以实现控制压装单元滑台移动到轮毂上、下料工位或者压车标工位，压装单元滑台移动程序的编程步骤见下表。

操作步骤	图示
①建立控制压装单元滑台移动的带参数例行程序FHubSlide	

②使用Test逻辑判断指令，对2种case情况进行判断：
第一种对应于控制压装单元的滑台移动到轮毂的_____位置；
第二种情况对应于控制压装单元的滑台移动到_____位置
	`TEST <EXP>`
	`CASE <EXP>:`
	`    <SMT>`
	`CASE <EXP>:`
	`    <SMT>`
	`ENDTEST`

③置位控制压装单元滑台移动到上下料工位的信号ToPDigHubSlide1，等待滑台到达上料位置后，复位该信号，注意添加必要的_____	`TEST b`
	`CASE 1:`
	`    Set ToPDigHubSlide1;`
	`    Waittime 1;`
	`    WaitDI FrPDigStepArrive,1;`
	`    Reset ToPDigHubSlide1;`

续表

操作步骤	图　示
| ④置位控制压装单元滑台移动到压车标工位的信号 ToPDigHubSlide2，等待滑台到达压车标位置后，复位该信号，注意信号之间添加必要的等待时间 | ```
CASE 2:
    Set ToPDigHubSlide2;
    Waittime 1;
    WaitDI FrPDigStepArrive,1;
    Reset ToPDigHubSlide2;
``` |

(6) 编写压装单元上料程序 MPutToPressUnit

压装单元上料程序可实现工业机器人将料仓中已取出的轮毂放置到压装单元上料工位处。压装单元放轮毂的编程方法可以参考工业机器人料仓取轮毂的编程方法，具体程序如下：

PROC MPutToPressUnit()

MoveAbsJ HomeLeft\NoEOffs,v800,fine,tool0;！工业机器人回到原点左侧安全姿态

MoveJ Offs(Area0301W,0,0,100),v800,z20,tool0;！工业机器人放置轮毂前过渡点

MoveL Offs(Area0301W,0,0,50),v800,z20,tool0;

MoveL Offs(Area0301W,0,0,10),v100,z20,tool0;

MoveL Area0301W,v40,fine,tool0;！工业机器人将轮毂放置到压装单元的上料位置上

WaitTime0.5;

Set ToTDigGrip;！松开1号夹爪工具,释放轮毂

WaitTime0.5;

MoveL Offs(Area0301W,0,0,10),v50,z10,tool0;！工业机器人放置轮毂后的过渡点

MoveL Offs(Area0301W,0,0,50),v800,z20,tool0;

MoveJ Offs(Area0301W,0,0,100),v800,z20,tool0;

MoveAbsJ HomeLeft\NoEOffs,v800,fine,tool0;

ENDPROC

(7) 搬运轮毂流程程序 PCarryHub

创建搬运轮毂流程程序，根据搬运轮毂工艺流程，在程序中依次调用以上已经编写完成的子程序，搬运轮毂流程程序如下：

PROC PCarryHub()

FRobotSlide120,15;！伺服滑台以_____的速度移动到120mm位置

MGetTool1;！工业机器人从工具架取1号夹爪工具

MGetHub;！伺服滑台移动到弹出料仓的位置处,工业机器人取轮毂

FHubSlide1;！使压装单元滑台移动到轮毂上料工位

MPutToPressUnit;！将轮毂放置到压装单元的放轮毂位置

FRobotSlide120,15;！伺服滑台以15mm/s的速度移动到_____位置

MPutTool1;！工业机器人将1号夹爪工具放回工具架

ENDPROC

(8)编写主程序

建立主程序,在程序中依次调用初始化程序 Initiallize 和搬运轮毂流程程序 PCarryHub,主程序如下：

PROC Main()

Initiallize;
```

续表

```
    PCarryHub；
ENDPROC
```

2. 搬运程序调试

（1）确定搬运程序调试前工作站的状态

在手动调试工业机器人搬运程序前，需先确定设备调试前的初始状态，确保工业机器人本体未安装末端工具，工具架的1号工位上放有夹爪工具（取正面朝上的轮毂）、仓储单元的仓位均放有正面朝上的轮毂、压装单元的轮毂上料位置上空闲可以安放轮毂。

（2）手动模式下调试搬运程序

手动控制模式下调试运行工业机器人搬运程序的操作步骤参见下表。

操作步骤	图示
①将控制柜模式开关转到＿＿＿＿模式。 通过操纵仓储单元手动控制界面，控制仓储单元随机弹出一个料仓	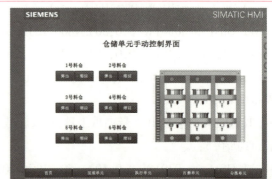
②将程序指针移动至主程序。 按下示教器使能使机器人处于电机开启状态，在手动模式下，按压程序调试按钮"＿＿＿＿"，逐步运行程序，每按压一次，只执行一行程序语句。 注意对问题点位重新示教	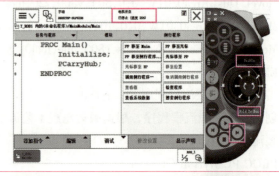
③完成程序的单步调试后，在机器人电机开启情况下，按压"启动"按钮，进行搬运程序的连续运行。 程序调试程序过程中注意不要和周边设备发生碰撞	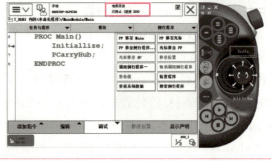

（3）自动模式调试搬运程序

搬运程序在经过手动调试验证无误后，可以切换到自动控制模式下连续运行程序。自动控制模式下运行搬运程序的操作步骤见下表。

续表

操作步骤	图示
①将控制柜模式开关转到自动模式,并在示教器上点击"确定",完成确认模式的更改操作。 注意:自动控制模式下,程序只能从主程序 main 开始运行,故在自动控制下运行某程序时,必须先将其调用至主程序中	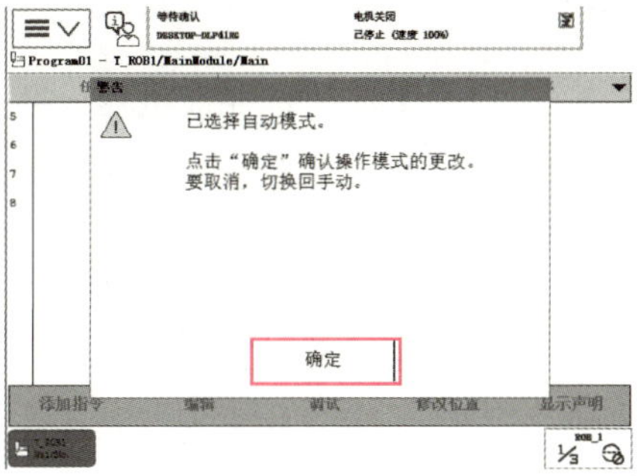
②将程序指针移动至主程序 main	
③按下"电机开启"按钮,确认工业机器人处于"电机开启"状态。 考虑调试安全,减低程序运行速度,改为_____%。 按下"启动"按钮,则工业机器人连续运行搬运程序	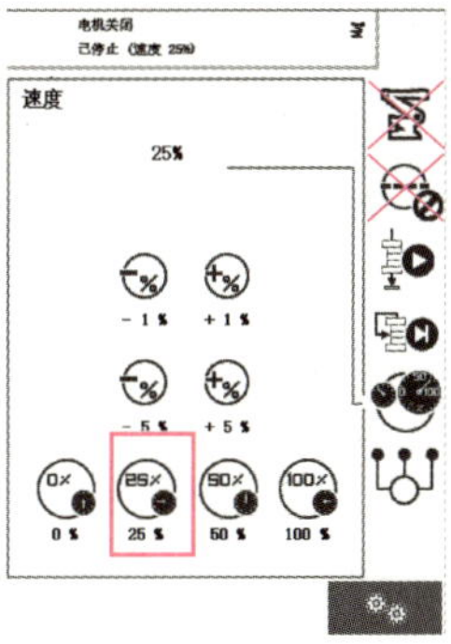

任务评价

1. 任务评价表

评价项目	比例	配分	序号	评价要素	评分标准	自评	教师评价
6S职业素养	30%	30分	①	选用适合的工具实施任务,清理无须使用的工具	未执行扣6分		
			②	合理布置任务所需使用的工具,明确标识	未执行扣6分		
			③	清除工作场所内的脏污,发现设备异常立即记录并处理	未执行扣6分		
			④	规范操作,杜绝安全事故,确保任务实施质量	未执行扣6分		
			⑤	具有团队意识,小组成员分工协作,共同高质量完成任务	未执行扣6分		

续表

评价项目	比例	配分	序号	评价要素	评分标准	自评	教师评价
工业机器人搬运案例程序编写与调试	70%	70分	①	能完成机器人搬运轮毂工艺流程规划	未掌握扣10分		
			②	能完成机器人搬运轮毂程序规划	未掌握扣10分		
			③	能完成机器人的运动路径（如搬运轮毂）及点位规划	未掌握扣20分		
			④	能完成工业机器人典型工作任务（如搬运轮毂）的程序编写	未掌握扣20分		
			⑤	能完成机器人典型工作任务（如搬运轮毂）的程序调试	未掌握扣10分		
合 计							

2. 活动过程评价表

评价指标	评价要素	分数	得分
信息检索	能有效利用网络资源、工作手册查找有效信息；能用自己的语言有条理地去解释、表述所学知识；能将查找到的信息有效转换到工作中	10	
感知工作	是否熟悉各自的工作岗位，认同工作价值；在工作中，是否获得满足感	10	
参与状态	与教师、同学之间是否相互尊重、理解、平等；与教师、同学之间是否能够保持多向、丰富、适宜的信息交流。 探究学习、自主学习不流于形式，处理好合作学习和独立思考的关系，做到有效学习；能提出有意义的问题或能发表个人见解；能按要求正确操作；能够倾听、协作分享	20	
学习方法	工作计划、操作技能是否符合规范要求；是否获得了进一步发展的能力	10	
工作过程	遵守管理规程，操作过程符合现场管理要求；平时上课的出勤情况和每天完成工作任务情况；善于多角度思考问题，能主动发现、提出有价值的问题	15	
思维状态	是否能发现问题、提出问题、分析问题、解决问题	10	
自评反馈	按时按质完成工作任务；较好地掌握了专业知识点；具有较强的信息分析能力和理解能力；具有较为全面严谨的思维能力并能条理明晰表述成文	25	
总 分		100	

任务 2.4 工业机器人装配案例程序编写与调试

本任务将执行工业机器人装配的典型工作任务。装配任务中工业机器人程序,可以通过程序的编写或调用的方式实现案例所需功能。

任务页——工业机器人装配案例程序编写与调试

工作任务	工业机器人装配案例程序编写与调试	教学模式	理实一体
建议学时	参考学时共 4 学时,其中相关知识学习 2 学时;学员练习 2 学时	需设备、器材	工业机器人集成设备
任务描述	装配任务中工业机器人程序,可以通过程序的编写或调用的方式实现案例所需功能		
职业技能	2.2.3　能完成工业机器人典型工作任务(如搬运码垛、装配车标)的程序编写		

2.4.1　装配车标工艺程序规划

任务实施

1. 装配车标工艺流程规划

(1)装配车标工艺单元组成与功能

工业机器人装配车标工艺中参与的单元有_____单元、_____单元、总控单元、_____单元,通过使用这些单元可以实现工业机器人拾取车标并将车标装到轮毂上的装配流程。

(2)装配车标工艺流程

①工艺流程的初始条件。

压装单元上料工位已放置了 1 个正面朝上的轮毂;压装单元的车标架上按随机的顺序放置印刻有"_____""_____"标识的车标,每个车标在车标架上都有相应的编号,如图 2-19 所示。

图 2-19　车标架上车标编号

②工艺流程。

工业机器人移动到工具单元处,装载号吸盘工具;随后从车标架上取出任意一个车标,将车标装配到正面朝上的轮毂上,如图2-20所示。

图 2-20　车标装置

然后工业机器人通知压装单元的滑台移动到压车标工位,如图2-21所示,工业机器人控制压装单元的压车标压头将车标压入轮毂。

图 2-21　压装车标

最后工业机器人将2号吸盘工具放回工具架,工业机器人装配车标的工艺流程如图2-22所示。

工业机器人选用2号吸盘工具从车标架上取出任意一个车标 → 将车标装到轮毂上 → 压装单元滑台移动到压车标工位 → 压装单元车标压头将车标压入轮毂 → 工业机器人将2号吸盘工具放回工具架

图 2-22　装配车标的工艺流程

2. 装配车标程序规划

工业机器人装配车标程序规划如图2-23所示,其中、放车标程序、压车标程序是该流程中需要新规划的程序,其他程序可以借用"工业机器人搬运案例"中已完成编写的子程序。

续表

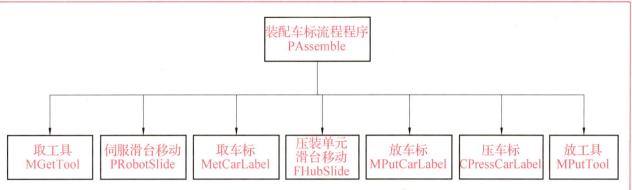

图 2-23 装配车标程序规划

装配车标流程程序 PAssemble 包含的需重新规划编写的子程序如下：

（1）MGetCarLabel：取车标程序

该程序为带参数的例行程序，参数与车标架序号对应，修改参数号后运行程序可以实现工业机器人取车标架上对应序号位置的车标。

（2）MPutCarLabel：放车标程序

工业机器人将已拾取的车标放置到轮毂上面的_____安装位置（轮毂正面朝上位于压装单元上料工位）。

（3）CPressCarLabel：压车标程序

实现工业机器人控制压装单元的压头将车标压入轮毂中。

3. 运动路径及点位规划

经过分析工艺流程可知，仅取放工具和将车标放置到轮毂上的动作涉及工业机器人的运动路径，工业机器人装配车标路径规划如下：

（1）装载工具

工业机器人以工作原点 Home 的姿态随滑台运动到拾取工具单元位置附近，进行 2 号吸盘工具（吸车标工具）的装载。

（2）取车标

工业机器人随滑台移动到压装单元位置附近，工业机器人调整姿态到_____姿态，吸取车标架上的任意一个车标（根据实际需要）。

（3）车标安装

工业机器人将车标装配到已处于压装单元上料位置的轮毂上（轮毂正面朝上）。

（4）卸载工具

工业机器人随滑台运动到工具单元，工业机器人调整姿态到_____姿态，将吸车标工具放置到工具架上。

工业机器人装配程序中的空间轨迹点位、坐标系及变量见下表。

名称	功能描述
工业机器人空间轨迹点	
Home	工业机器人工作原点安全姿态（其中一轴、二轴、三轴、四轴、六轴均为0°，五轴为90°）
HomeLeft	工业机器人工作原点左侧安全姿态（其中二轴、三轴、四轴、六轴均为0°，一轴和五轴为90°）

续表

名称	功能描述
HomeRight	工业机器人工作原点右侧安全姿态（其中二轴、三轴、四轴、六轴均为0°，一轴为-90°，五轴为90°）
ToolPoint {7}	一维数组，用于存放工业机器人取放7个工具的点位数据
Area0302W	＿＿＿＿＿＿＿＿＿点位
LabelPoint {6}	一维数组，用于存放工业机器人取6个车标的点位数据
工具坐标系	
tool0	默认 TCP（法兰盘中心）
变量	
NumPosition	用于存储伺服滑台位置的中间变量
QuickChangeMotion	定义触发数据，对应使快换装置主端口钢珠缩回

4. I/O 信号规划

工业机器人装配程序信号的规划见下表。

信号名称	工业机器人 I/O 地址	功能说明	对应硬件	PLC 地址
FrTVaccumTest	0	吸盘真空检测反馈，当信号值为＿＿＿时，表示吸盘工具吸取到物体；当信号值为0时，表示吸盘工具未吸取到物体	———	—
FrPDigServoArrive	15	伺服滑台运动到位的反馈信号，当信号值为＿＿＿时，表示伺服滑台移动到指定距离位置；当信号为＿＿＿时，表示伺服滑台尚未移动到指定距离位置	PLC3 板载数字量输出	Q0.4
FrPDigStepArrive	10	压装单元滑台运动到位反馈信号，信号值为＿＿＿时，表示压装单元滑台运动到位；滑台运动到位的反馈信号；当信号值为＿＿＿时，表示滑台尚未移动到指定距离位置	总控单元 PLC1 远程 I/O 模块 No.6FR2108 输出信号	Q17.2
FrPDigPressFinish	11	压车标完成反馈信号，信号值为＿＿＿时表示压车标完成；当信号值为＿＿＿时，表示压车标尚未完成	总控单元 PLC1 远程 I/O 模块 No.6FR2108 输出信号	Q17.3

续表

信号名称	工业机器人 I/O 地址	功能说明	对应硬件	PLC 地址
ToPAnaVelocity	32-47	控制伺服滑台运动速度信号，该信号值用于指定伺服滑台的运动速度值	PLC3 板载模拟量输入信号	IW64
ToTDigQuickChange	0	控制工具快换装置动作，当信号值为＿＿＿时，控制工具快换装置主端口钢珠缩回；当信号值为＿＿＿时，控制工具快换装置主端口钢珠弹出	快换装置	—
ToTDigSucker	1	控制吸盘类工具动作，当信号值为1时，控制吸盘打开使其处于吸取状态；当信号值为0时，控制吸盘关闭使其处于释放状态	吸盘类工具	—
ToTDigGrip	2	控制夹爪类工具动作，当信号值为1时，控制夹爪工具闭合；当信号值为0时，控制夹爪工具张开	夹爪类工具	—
ToPDigServoMode	11	伺服滑台自动/手动模式切换信号，信号值为1时为自动模式，可通过给定工业机器人运动参数控制伺服滑台移动；值为0时为手动模式，可实现手动点动控制伺服滑台移动	PLC3 SM1221 数字量输入模块	I9.3
ToPDigHubSlide2	22	控制压装单元滑台移动到压车标工位信号，信号值为＿＿＿时触发 PLC1 间接控制压装单元滑台移动到压车标工位	执行单元 PLC1 远程 I/O 模块 No.3FR1108 数字量输入模块	I18.6
ToPDigRequestPress	24	控制压装单元压装车标信号，信号值为＿＿＿时触发 PLC1 间接控制压装单元压车标	执行单元 PLC1 远程 I/O 模块 No.4FR1108 数字量输入模块	I19.0
ToPGroPosition	0-7	控制伺服滑台移动距离信号，＿＿＿＿模式时，设置组信号的值触发 PLC3 间接控制滑台移动的距离（0~760mm 行程范围）	PLC3 SM1221 数字量输入模块	IB8

续表

2.4.2 装配工艺程序编写与调试

任务实施

1. 点位示教

建立程序中用到的点位数据并完成点位示教,工业机器人装配程序点位示教步骤如下。

操作步骤	图 示
①新建_____类型的点位程序数据 Area0302W、LabelPoint。 操纵工业机器人随伺服滑台运动至压装单元附近,可以实现取车标架上的车标及将车标装到压装单元上料位置的轮毂上的位置,记录此时伺服滑台的位置(690mm)。 注意:为了便于后期数据的还原,尽量在保证功能的前提下,移动伺服滑台至可被3整除的整数位置	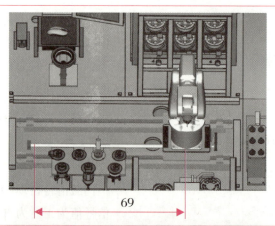
②在工业机器人安装有2号取车标吸盘工具的前提下,依次完成取车标_____个点位示教,并存储在数组 LabelPoint {6} 中,如右图所示为取1号车标点位示教示意图	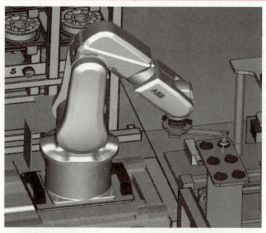
③完成图示工业机器人安装车标点位 Area0302W 的点位示教,如右图所示	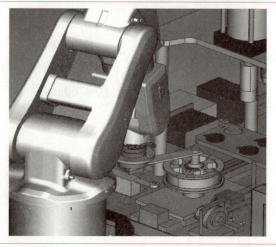

2. 程序编写

工业机器人装配程序中需要新编写的程序包括取车标程序 MGetCarLabel、放车标程序 MPutCarLabel、压车标程序 CPressCarLabel,初始化程序和主程序需要做相应的修改,其他程序可以借用工业机器人搬运程序中已编好的程序。

(1)编写初始化程序 Initiallize

编写工业机器人装配程序的初始化程序时,可以在工业机器人搬运案例初始化程序基础上进行修改,修改后的初始化程序如下:

PROC Initiallize( )
AccSet50,100;
VelSet70,800;
MoveAbsJ Home\NoEOffs,v1000,fine,tool0;
SetAO ToPAnaVelocity,0;
Reset ToPDigServoMode;
Reset ToTDigSucker;!复位_____动作信号
Reset ToPDigHubSlide2;!复位_____信号
Reset ToPDigRequestPress;!复位_____信号
TriggIO QuickChangeMotion,10\DOp:=ToTDigQuickChange,1;
NumPosition:=0;
ENDPROC

(2)编写取车标程序 MGetCarLabel

取车标程序是带参数的例行程序,输入参数号后运行程序,可以实现工业机器人取车标架上对应编号位置的车标。取车标程序编写可以参考"工业机器人取工具程序"和"料仓取轮毂程序"的编程方法,完整程序如下:

PROC MGetCarLabel(numc)
MoveAbsJ HomeLeft\NoEOffs,v1000,fine,tool0;!回到工业机器人原点左侧安全姿态
MoveJ Area0300R,v500,z20,tool0;!工业机器人移动到取车标前过渡点
MoveJ Offs(LabelPoint{c},0,0,100),v1000,z20,tool0;!取车标正上面过渡点位
MoveL Offs(LabelPoint{c},0,0,50),v1000,z20,tool0;
MoveL Offs(LabelPoint{c},0,0,10),v100,z20,tool0;
MoveLLabelPoint{c},v40,fine,tool0;
WaitTime0.5;
Set ToTDigSucker;!打开取车标吸盘工具
WaitTime0.5;
WaitDIFrTVaccumTest,1;!等待_____信号,保证吸盘吸到车标
MoveL Offs(LabelPoint{c},0,0,10),v50,z10,tool0;
MoveL Offs(LabelPoint{c},0,0,50),v1000,z20,tool0;
MoveJ Offs(LabelPoint{c},0,0,100),v1000,z20,tool0;
MoveJ Area0300R,v500,z20,tool0;
MoveAbsJ HomeLeft\NoEOffs,v1000,fine,tool0;

ENDPROC

（3）编写放车标程序 MPutCarLabel

放车标程序实现工业机器人将已拾取的车标放置到轮毂上面的车标安装位置（轮毂正面朝上位于压装单元上料工位）。放车标程序可以参考"压装单元放轮毂程序"的编程方法，完整程序如下：

PROC MPutCarLabel（）

MoveAbsJ HomeLeft\NoEOffs,v1000,fine,tool0;！工业机器人回到原点左侧安全姿态

MoveJ Offs（Area0302W,0,0,100）,v1000,z20,tool0;！工业机器人放置轮毂前过渡点

MoveL Offs（Area0302W,0,0,50）,v1000,z20,tool0;

MoveL Offs（Area0302W,0,0,10）,v100,z20,tool0;

MoveL Area0302W,v40,fine,tool0;！工业机器人将车标放置到轮毂上的车标安装位置

WaitTime0.5;

Reset ToTDigSucker;！_____吸盘工具,释放车标

WaitTime0.5;

MoveL Offs（Area0302W,0,0,10）,v50,z10,tool0;！工业机器人放置完车标后的过渡点

MoveL Offs（Area0302W,0,0,50）,v1000,z20,tool0;

MoveJ Offs（Area0302W,0,0,100）,v1000,z20,tool0;

MoveAbsJ HomeLeft\NoEOffs,v1000,fine,tool0;

ENDPROC

（4）编写压车标程序 CPressCarLabel

压车标程序将实现工业机器人控制压装单元的压头将车标压入轮毂，程序的编程步骤如下。

操作步骤	图　示
①建立压车标例行程序 CPressCarLabel	
| ②置位控制压装单元压装车标信号，等待压车标完成_____信号，然后复位控制压装单元压装车标信号 | ```
PROC CPressCarLabel()
    Set ToPDigRequestPress;
    WaitTime 2;
    WaitDI FrPDigPressFinish,1;
    Reset ToPDigRequestPress;
ENDPROC
``` |
```

续表

（5）编写装车标流程程序 PAssemble

创建装车标流程程序，根据工业机器人装配车标工艺流程，在程序中依次调用以上已经编写完成的子程序，具体如下所示：

PROC PAssemble（）

FRobotSlide120,15；！伺服滑台以_____的速度移动到120mm位置

MGetTool2；！工业机器人从工具架取2号吸盘工具

FRobotSlide690,15；！伺服滑台以15mm/s的速度移动到_____位置

MGetCarLabel1；！工业机器人取车标（以取车标架1号车标为例）

MPutCarLabel；！工业机器人装_____

FHubSlide2；！压装单元的滑台移动到压车标工位

CPressCarLabel；！压装单元压头压车标

FRobotSlide120,15；！伺服滑台以15mm/s的速度移动到120mm位置

MPutTool2；！工业机器人将2号工具放回工具架

ENDPROC

（6）编写主程序

在主程序中依次调用初始化程序 Initiallize 和装配车标流程程序 PAssemble，主程序如下。

PROC Main（）

Initiallize；

PAssemble；

ENDPROC

工业机器人装配工艺调试

3．装配程序调试

（1）确定装配程序调试前工作站的状态

在手动调试工业机器人装配程序前，需先确定设备调试前的初始状态：确保工业机器人本体未安装末端工具，工具架的2号工位上放有吸取车标工具，压装单元的轮毂上料工位上已经安放有一个轮毂（轮毂正面朝上），如图2-24所示。

图 2-24 确定工作站状态

（2）手动模式下调试搬运程序

手动控制模式下，运行调试工业机器人装配程序的操作步骤参见下表。

续表

操作步骤	图 示
①将控制柜模式开关转到_____模式。 将程序指针移动至主程序	
②按下示教器使能使机器人处于电机开启状态,在手动模式下,按压程序调试按钮"_____",逐步运行程序,每按压一次,只执行一行程序语句。 注意对问题点位重新示教	
③完成程序的单步调试后,在机器人电机开启情况下,按压"_____"按钮,进行搬运程序的连续运行。 程序调试程序过程中注意不要和周边设备发生碰撞	

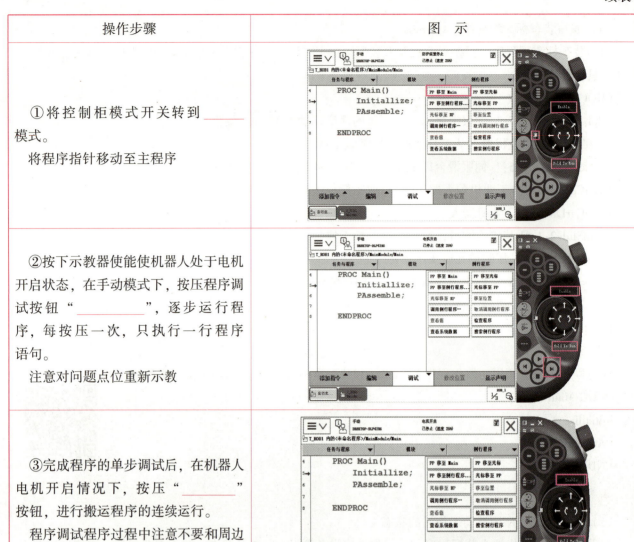

(3) 自动模式下调试装配程序

装配程序在经过手动调试验证无误后,才可以在自动控制模式下连续运行。自动控制模式下运行调试装配程序的操作步骤见下表。

操作步骤	图 示
①将控制柜模式开关转到自动模式,并在示教器上点击"确定",完成确认模式的更改操作	

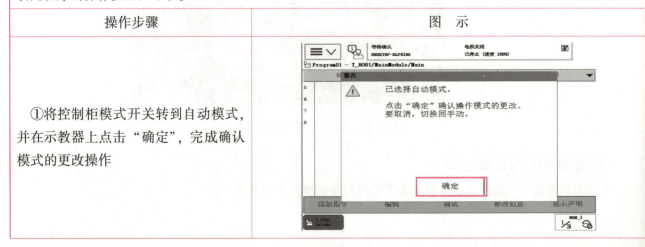

续表

操作步骤	图示
②将程序指针移动至主程序	
③按下"_____"按钮,确认工业机器人处于"电机开启"状态	
④为了调试安全考虑,减低程序运行速度,改为25%。 按下"启动"按钮,则工业机器人连续运行装配程序	

续表

任务评价

1. 任务评价表

评价项目	比例	配分	序号	评价要素	评分标准	自评	教师评价
6S职业素养	30%	30分	①	选用适合的工具实施任务，清理无须使用的工具	未执行扣6分		
			②	合理布置任务所需使用的工具，明确标识	未执行扣6分		
			③	清除工作场所内的脏污，发现设备异常立即记录并处理	未执行扣6分		
			④	规范操作，杜绝安全事故，确保任务实施质量	未执行扣6分		
			⑤	具有团队意识，小组成员分工协作，共同高质量完成任务	未执行扣6分		
工业机器人搬运案例程序编写与调试	70%	70分	①	能完成机器人装配车标工艺流程的规划	未掌握扣10分		
			②	能完成机器人装配车标程序的规划	未掌握扣10分		
			③	能完成机器人的运动路径（如装配车标）及点位规划	未掌握扣20分		
			④	能完成工业机器人典型工作任务（如装配车标）的程序编写	未掌握扣20分		
			⑤	能完成机器人典型工作任务（如装配车标）的程序调试	未掌握扣10分		
合　计							

2. 活动过程评价表

评价指标	评价要素	分数	得分
信息检索	能有效利用网络资源、工作手册查找有效信息；能用自己的语言有条理地去解释、表述所学知识；能将查找到的信息有效转换到工作中	10	
感知工作	是否熟悉各自的工作岗位，认同工作价值；在工作中，是否获得满足感	10	

续表

评价指标	评价要素	分数	得分
参与状态	与教师、同学之间是否相互尊重、理解、平等；与教师、同学之间是否能够保持多向、丰富、适宜的信息交流。 探究学习、自主学习不流于形式，处理好合作学习和独立思考的关系，做到有效学习；能提出有意义的问题或能发表个人见解；能按要求正确操作；能够倾听、协作分享	20	
学习方法	工作计划、操作技能是否符合规范要求；是否获得了进一步发展的能力	10	
工作过程	遵守管理规程，操作过程符合现场管理要求；平时上课的出勤情况和每天完成工作任务情况；善于多角度思考问题，能主动发现、提出有价值的问题	15	
思维状态	是否能发现问题、提出问题、分析问题、解决问题	10	
自评反馈	按时按质完成工作任务；较好地掌握了专业知识点；具有较强的信息分析能力和理解能力；具有较为全面严谨的思维能力并能条理明晰表述成文	25	
总 分		100	

项目评测

项目二 工业机器人程序开发工作页

项目知识测试

一、选择题

1. 编写 ABB 工业机器人中断程序时，下列哪个指令可用于连接中断（识别）号"intno1"与中断程序"correct_ feeder"？（　　）。
   A. Idelete　　　　B. CONNECT　　　　C. ISignalDI　　　　D. ISignalDO

2. 某型号扩展 I/O 模块的地址可以通过适配器上的拨码开关旋钮进行设置，图 2-25 中适配器的通信地址为（　　）。

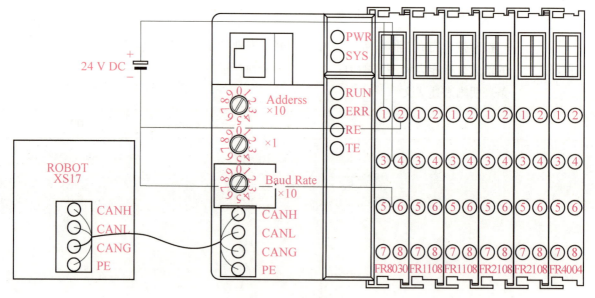

图 2-25　设置波特率

   A. 2　　　　　　B. 4　　　　　　C. 22　　　　　　D. 20

3. 工业机器人系统中的中断就是指在程序执行过程中暂停，进入中断例行程序的过程。中断过程中用于处理紧急情况的程序，我们称作中断例行程序。完整的中断过程不包括（　　）。
   A. 触发中断　　　B. 处理中断　　　C. 结束中断　　　D. 创建中断

4. 下列 ABB 工业机器人程序语句中，哪项是定义触发事件实现在距离指定目标点前 5mm 处将数字量输出信号 ToTQuickChange 置位为 1。（　　）
   A. TriggL QuickChangeMotion,5DOp:=ToTQuickChange,1;
   B. TriggIO QuickChangeMotion,5TimeDOp:=ToTQuickChange,1;
   C. TriggJ QuickChangeMotion,5DOp:=ToTQuickChange,1;
   D. TriggIO QuickChangeMotion,5DOp:=ToTQuickChange,1;

5. 编写 ABB 工业机器人中断程序时，下列哪个指令可用于连接中断（识别）号"intno1"与中断程序"correct_ feeder"。（　　）
   A. Idelete　　　　B. CONNECT　　　　C. ISignalDI　　　　D. ISignalDO

续表

6. ABB 工业机器人中断程序的触发因素有可能是数字量信号的触发，也有可能是模拟量信号的触发。当使用模拟量输入信号 AI1 的数值大小作为中断触发时，需要使用下列哪个指令（　　）。

　A. IsignalAO　　　　　B. IsignalAI　　　　　C. IsignalDO　　　　　D. ISignalDI

7. ABB 工业机器人的（　　）指令用于工业机器人在线性运动过程中在指定位置准确的触发事件（如置位输出信号、触发装置动作、激活中断等）。

　A. TriggL　　　　　B. TriggIO　　　　　C. TriggJ　　　　　D. TriggEquip

8. ABB 工业机器人的中断过程中用于处理紧急情况的程序，称作中断例行程序。下列选项中哪个指令可用于中断程序中临时停止工业机器人机械臂和外轴的运动（　　）。

　A. StartMove　　　　　B. StopMove　　　　　C. Break　　　　　D. StorePath

9. ABB 工业机器人中断程序在建立中断连接之前一般先要取消当前中断号的连接，防止中断的误触发。故在中断程序的触发条件程序语句前，应使用（　　）指令添加程序语句取消中断号的连接。

　A. Idelete　　　　　B. CONNECT　　　　　C. ISignalDI　　　　　D. ISignalDO

10. S7-1200 的开放式用户通信可以使用 TCP 和（　　）两种形式，通信伙伴就是两台 S7-1200 系列 PLC。

　A. PROFINET　　　　　B. RS232 通信接口　　　　　C. RS485　　　　　D. ISO-on-TCP 通信接口

11. FR4004 通信模块是以下哪种类型的通信模块（　　）。

　A. 数字量输入模块　　　　　B. 数字量输出模块　　　　　C. 模拟量输出模块　　　　　D. 模拟量输入模块

12. S7-1200 的开放式用户通信可以使用 TCP 和（　　）两种形式，通信伙伴就是两台 S7-1200 系列 PLC。

　A. PROFINET　　　　　B. RS232 通信接口　　　　　C. RS485　　　　　D. ISO-on-TCP 通信接口

二、判断题

1. ABB 工业机器人的中断程序一般包含两部分，一部分是触发中断程序的语句段，另一部分是中断程序，这两部分之间无关联。（　　）

2. TriggL 指令是不能激活中断的。（　　）

3. 集成系统的工业机器人配备有 DSQC652 标准 I/O 板卡和扩展 I/O 模块，这两种模块都可以挂接在 DeviceNet 总线上，与工业机器人之间实现 DeviceNet 总线的通信形式。（　　）

4. 在调试工业机器人工艺流程程序的时候可以不经过手动模式下的程序调试过程直接进行自动模式下的程序调试。（　　）

职业技能测试

一、工业机器人程序编写与调试

编写工业机器人搬运轮毂流程程序 PCarryHub 并调试运行，实现：手动修改联机 PLC 控制程序中的 Q16.0~Q16.5 输出状态控制指定料仓弹出，工业机器人接收到料仓已弹出的信号之后，将移动到工具单元处，装载工具，然后移动至弹出的料仓处取出轮毂，将轮毂放置到分拣单元的上料工位，最后工业机器人将工具放回工具架，如图 2-26 所示。

续表

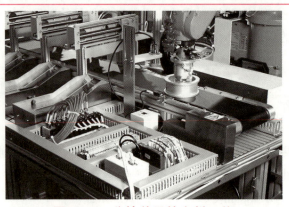

图 2-26 分拣单元的上料工位

注意：工作站上位机控制界面中，操控执行单元控制界面可以控制工业机器人随滑台移动，示教编程时可辅助使用。

要求：搬运轮毂流程程序 PCarryHub 包含的各个子程序的功能如下。

1. MGetTool 取工具程序

该程序为带参数的例行程序，实现调用程序时，改变工具参数号（工具参数号对应工具架上工具的编号顺序）后，工业机器人取工具架上对应工具编号的工具。

注意：编写程序时，工具参数号需要与当前工作站中工具在工具架上的摆放位置及编号对应。

2. FRobotSlide 伺服滑台移动程序

该程序为带参数的例行程序输入位置和移动速度参数后，可以控制伺服滑台以设定的速度在导轨上移动到指定位置。

3. MGetHub 取料仓轮毂程序

工业机器人接收到任意料仓已弹出信号之后，沿着滑台移动至此料仓位置处，取出该轮毂。

4. Msorting 分拣单元轮毂上料程序

工业机器人沿滑台移动至分拣单元，将夹持的轮毂上料至分拣单元的上料位。

5. MPutTool 放工具程序

该子程序为带参数的例行程序，改变工具参数号（工具参数号对应工具架上工具的编号顺序），工业机器人可以将工具放回到工具架对应工具编号的位置上。

以上流程涉及的工业机器人 I/O 信号见下表。

信号名称及机器人 I/O 地址	功能说明	对应硬件	PLC 地址
工业机器人输入信号			
FrPDigServoArrive，15	当信号值为 1 时，表示伺服滑台移动到指定距离位置；当信号值为 0 时，表示伺服滑台尚未移动到指定距离位置	PLC3 板载数字量输出	Q0.4
FrPDigStorage1Out~FrPDigStorage6Out，0~5	信号值为 1 时，分别表示告知工业机器人仓储单元的 1~6 号料仓已经弹出到位	总控单元 PLC1 远程 I/O 模块 No.5FR2108 输出信号	Q16.0~Q16.5

续表

信号名称及机器人 I/O 地址	功能说明	对应硬件	PLC 地址
工业机器人输出信号			
ToPAnaVelocity,32-47	该信号值用于指定伺服滑台的运动速度值	PLC3 板载模拟量输入信号	IW64
ToTDigQuickChange,0	当信号值为 1 时，控制工具快换装置主端口钢珠缩回；当信号值为 0 时，控制工具快换装置主端口钢珠弹出	快换装置	—
ToTDigGrip,2	当信号值为 1 时，控制夹爪工具闭合；当信号值为 0 时，控制夹爪工具张开	夹爪类工具	—
ToPDigHome,8	信号值为 1 时，通过 PLC3 间接控制滑台回原点	PLC3 SM1221 数字量输入模块	I9.0
ToPDigServoMode,11	信号值为 1 时为自动模式，可通过给定工业机器人运动参数控制伺服滑台移动；值为 0 时为手动模式，可实现手动点动控制伺服滑台移动		I9.3
ToPDigFinishHub,13	信号值为 1 时触发 PLC1 间接控制对应料仓缩回	执行单元 PLC1 远程 I/O 模块 No.2FR1108 数字量输入模块	I17.5
ToPGroPosition,0-7	自动模式时，设置组信号的值触发 PLC3 间接控制滑台移动的距离（0~760mm 行程范围）	PLC3 SM1221 数字量输入模块	IB8

工业机器人搬运程序中建议使用的空间轨迹点位、坐标系及变量见下表。

名称	功能描述
工业机器人空间轨迹点	
Home	工业机器人工作原点安全姿态（其中一轴、二轴、三轴、四轴、六轴均为 0°，五轴为 90°）
HomeLeft	工业机器人工作原点左侧安全姿态（其中二轴、三轴、四轴、六轴均为 0°，一轴和五轴为 90°）
HomeRight	工业机器人工作原点右侧安全姿态（其中二轴、三轴、四轴、六轴均为 0°，一轴为 -90°，五轴为 90°）
Area0600R	取、放工具过渡点位
Area0100R	取、放 1 号和 4 号料仓轮毂过渡点位

续表

名称	功能描述
Area0101R	取、放 2 号和 5 号料仓轮毂过渡点位
Area0102R	取、放 3 号和 6 号料仓轮毂过渡点位
ToolPoint {7}	一维数组,用于存放工业机器人取、放 7 个工具的点位数据
StorageHubPoint {6}	一维数组,用于存放工业机器人取、放仓储单元六个仓位处轮毂的点位数据
Area0502W	分拣单元传送带末端放置轮毂的位置,即上料位置
工具坐标系	
tool0	默认 TCP(法兰盘中心)
变量	
NumPosition	用于存储伺服滑台位置的中间变量
QuickChangeMotion	定义触发数据,对应使快换装置主端口钢珠缩回

项目三

机电集成系统周边设备程序开发

项目导言

本项目主要从 PLC 程序编写与调试、触摸屏程序编写与调试和视觉检测模板设置与调试三个方面讲解工业机器人周边设备程序开发。通过程序编写及调试,使 PLC 具备控制周边设备的基本功能,通过触摸屏上按钮可控制集成单元设备机构的动作,视觉检测系统能够实现样例工件检测并支持与工业机器人进行数据的交互。

工业机器人集成应用职业等级标准对照表

	工作领域	工业机器人程序开发						
	工作任务	PLC 程序编写与调试			触摸屏程序编写与调试		视觉检测模板设置与调试	
	任务分解	PLC程序功能规划	设备网络组态	PLC程序编写与调试	触摸屏程序编写	触摸屏程序调试	视觉检测系统通信配置	视觉检测系统模板设置与调试
项目实施	职业能力	2.3.1 能使用 PLC 简单的功能指令完成工业机器人典型工作任务(如搬运码垛、装配等)的程序编写。 2.3.2 能根据工业机器人典型应用(如搬运码垛、装配等)的任务要求,在触摸屏编程软件上创建相应工程。 2.3.3 能进行触摸屏画面的仿真运行。 2.4.1 能完成视觉相机的网络配置与连接。 2.4.2 能完成视觉识别模板的制作。 2.4.3 能熟练地切换视觉系统的应用场景,完成视觉检测程序的调用						

任务 3.1　PLC 程序编写与调试

本任务将结合实际的案例，完成总控单元 PLC 与远程 I/O 模块的硬件和网络组态、控制仓储单元动作的 PLC 程序编写。

知识页——PLC 程序功能规划

1. 仓储单元构成

如图 3-1 所示，仓储单元用于存放零件，由工作台、料仓、远程 I/O 模块等组件构成，立体仓库为双层六仓位结构，每个仓位可存放一个轮毂零件；仓位托板可由对应的气缸推出；托板上设置有定位卡槽，作为定位基准，轮毂无论正面或者反面存放，均可保证姿态统一；每个仓位均设置有传感器和指示灯，指示灯有两种分别为红色和绿色，传感器可检测当前仓位是否存放有零件，传感器与指示灯联合使用可将仓位内有无零件状态显示出来。

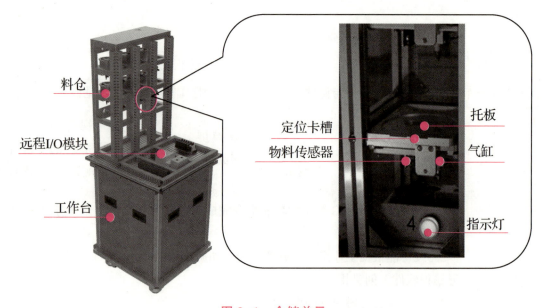

图 3-1　仓储单元

知识测试

简答题

1. 简述仓储单元的基本构成。

2. 简述仓位托板的动作。

3. 简述指示灯在仓储中的作用。

任务页——PLC 程序编写与调试

工作任务	PLC 程序编写与调试	教学模式	理实一体
建议学时	参考学时共 6 学时，其中相关知识学习 3 学时；学员练习 3 学时	需设备、器材	工业机器人集成设备
任务描述	本任务将结合实际的案例，执行总控单元 PLC 与远程 I/O 模块的硬件和网络组态、控制仓储单元动作的 PLC 程序的编写		
职业技能	2.3.1 能使用 PLC 简单的功能指令完成工业机器人典型工作任务（如搬运码垛、装配等）的程序编写		

3.1.1 PLC 程序功能规划

任务实施

1. 功能规划

在完成总控单元 PLC1 与仓储单元远程 I/O 模块的硬件连接和网络通信配置之后，才可以在 PLC 中编写控制仓储单元执行相应动作的 PLC 程序，实现执行具体的仓储任务时，仓储单元的物料检测光电开关、推出检知磁性开关、_____、_____ 等硬件的有效配合。

编写 PLC 程序，实现对仓储单元的控制，仓储单元应包含以下基本功能。

（1）可检测轮毂零件存放状态

各个料仓处的指示灯能够显示该料仓内是否存有轮毂零件，指示灯是绿色时表示存有轮毂零件，指示灯红色时表示未存有轮毂零件。

（2）可控制仓位运动

改变 PLC 端相关输出信号的状态，可控制各个料仓的弹出和缩回状态。

案例 PLC 程序可与后续任务的触摸屏程序联合使用，触摸屏上相关按钮与 PLC1 对应输入信号相关联，操控触摸屏上按钮可改变 PLC1 端控制料仓弹出、缩回输出信号的状态，进而可实现操控_____控制仓储单元对应料仓弹出和缩回状态的目的。

2. 通信规划

在编程过程中需要根据集成系统电路图上的硬件 I/O 信号地址以及实际的编程需求建立相应的输入输出信号变量表，仓储单元 PLC 程序 I/O 信号见下表。

序号	硬件设备	PLC I/O 点	功能描述	对应硬件
一、PLC 输入信号				
1	仓储单元远程 I/O 模块 No.1FR1108 数字量输入模块	I4.0~I4.5	1~6 号料仓产品检知，当信号值为 1 时表示对应料仓有轮毂，当值为 0 时表示轮毂仓位空闲	

续表

序号	硬件设备	PLC I/O 点	功能描述	对应硬件
2	仓储单元远程 I/O 模块 No.2FR1108 数字量输入模块	I5.0~I5.5	1~6 号料仓推出检知，当信号值为 1 时表示检测到_____，当值为 0 时表示没有检测到料仓推出	推出检知磁性开关
3	PLC1	M10.1~M10.6	控制 1~6 号料仓推出/缩回的按钮，当值为 1 时料仓推出；当值为 0 时表示气缸_____	
二、PLC 输出信号				
1	仓储单元远程 I/O 模块 No.3FR2108 数字量输出模块	Q4.0~Q4.5	1~3 号料仓指示灯（其中 Q4.0、Q4.2、Q4.4 为红色料仓指示灯，Q4.1、Q4.3、Q4.5 为绿色料仓指示灯）；当对应输出信号的值为 1 时，对应颜色的指示灯会亮起，当对应输出信号的值为 0 时，对应颜色的指示灯不会亮起	料仓指示灯
2	仓储单元远程 I/O 模块 No.4FR2108 数字量输出模块	Q5.0~Q5.5	4~6 号料仓指示灯（其中 Q5.0、Q5.2、Q5.4 为红色料仓指示灯，Q5.1、Q5.3、Q5.5 为绿色料仓指示灯）；当对应输出信号的值为 1 时，对应颜色的指示灯会亮起，当对应输出信号的值为_____时，对应颜色的指示灯不会亮起	
3	仓储单元远程 I/O 模块 No.5FR2108 数字量输出模块	Q6.0~Q6.5	控制 1~6 号仓位推出/缩回气缸信号，当信号值为_____时控制气缸推出；当值为 0 时控制气缸缩回	气缸电磁阀

3.1.2 设备网络组态

任务实施

1. 案例程序通信硬件连接

如图 3-2 所示为总控单元 PLC 与仓储单元远程 I/O 模块适配器的连接方式示意图，下面以总控单元 PLC1 与仓储单元的远程 I/O 模块之间的硬件连接为例，总控 PLC 与远程 I/O 模块的硬件连接的详细步骤见下表。

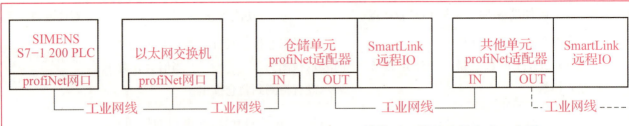

图 3-2　总控单元 PLC 与仓储单元远程 I/O 模块适配器的连接方式示意图

操作步骤	示意图
①使用工业网线连接 PLC1 的 profiNET 网口和以太网交换机网口	 
②使用网线连接交换机上的网口和仓储单元远程 I/O 模块适配器的 PN IN 网口，其他单元远程 I/O 模块适配器的硬件连接方法相同，此处不再赘述	

2. 案例程序通信硬件连接

下面以仓储单元远程 I/O 模块与总控单元 PLC1 的网络组态为例，PLC 与远程 I/O 模块的网络组态的详细步骤见下表。

仓储单元控制案例设备网络组态

操作步骤	示意图
一、PLC 网络组态	
①根据实际 PLC1 硬件上 CPU、版本号，在博途软件中添加对应的 CPU。 点击 PLC 处 CPU 以太网网口，修改 PLC1 的 IP 地址	

续表

操作步骤	示意图
②设置 PLC1 的 IP 地址,要求与网络中与其具有通信关系的其他设备 IP 地址在 _____ 网段且不重叠。 注意:如果之前已在网络中添加了其他设备,需要修改 IP 地址;如没有添加过其他设备,则系统会自动分配一个 IP 地址,保持默认即可	
二、仓储单元远程 I/O 模块的网络组态	
①在硬件目录中找到远程 I/O 模块适配器 FR8210,将其拖拽至视图窗口。 注意:进行模块设备添加之前,需在远程 I/O 模块设备官网下载相应的 _____ 文件,并在博途软件中安装 _____ 文件	
②将该远程 I/O 模块命名为"_____"	
③PLC 与仓储单元远程 I/O 模块的网络组态有两种方法。 方法一,可以通过鼠标直接拖拽连接 PLC1 和仓储单元远程 I/O 模块的网口实现组网。 方法二,点击"未分配",为该远程 I/O 模块分配 PLC,选择 PLC_1,即添加 PLC_1 作为仓储单元远程 I/O 模块的控制器	

续表

操作步骤	示意图
④为了使 PLC1 与仓储单元远程 I/O 模块可以通信，还需要为远程 I/O 模块设置_____地址。 双击 I/O 设备的以太网网口，查看并修改以太网的 IP 地址，确保与 PLC_1 处于同一网段，但地址不重叠，如 192.168.0.100	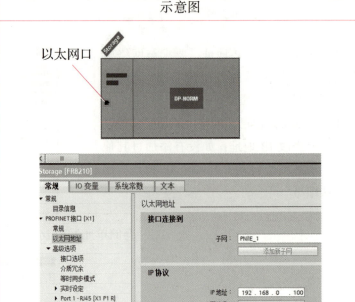
⑤点击设备视图，打开设备概览窗口，进行仓储单元数字量输入和输出模块的添加。 在硬件目录中的"模块"选项中，可用拖拽或双击的方式将数字量输入模块_____和数字量输出模块_____添加至"设备概览"中	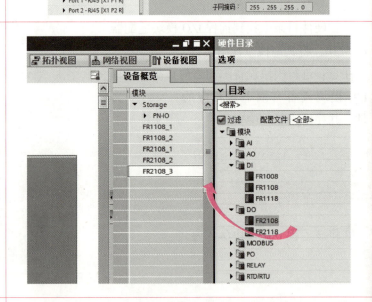
⑥分别双击输入、输出模块的 I 地址和 Q 地址，为每个模块定义信号输入或信号输出的起始点位。 如定义 FR1108_1 的 I 地址为_____，则该模块的第一个通道口输入点位为 I4.0，依次类推，完成总控单元 PLC1 与仓储单元的远程 I/O 模块组态	

续表

3.1.3 PLC 程序编写与调试

任务实施

1. 程序编写

下面介绍如何在 PLC 中建立仓储单元 PLC 程序变量表并完成功能程序的编写，具体操作步骤见下表。

仓储单元 PLC 程序编写与调试

操作步骤	图　示
一、编写检知料仓有无轮毂零件程序段	
①在 PLC_1 下面新建仓储单元_____函数块，在其中编写仓储单元 PLC 的各个功能程序段	PLC_1 [CPU 1212C DC/DC/DC] 　设备组态 　在线和诊断 ▼ 程序块 　　添加新块 　　Main [OB1] 　　安全 [FB5] 　　仓储单元 [FB1]
②在 PLC 变量表中添加检知料仓有无轮毂程序段使用的变量表	仓储单元输入 名称　数据类型　地址 1号料仓产品检知　Bool　%I4.0 2号料仓产品检知　Bool　%I4.1 3号料仓产品检知　Bool　%I4.2 4号料仓产品检知　Bool　%I4.3 5号料仓产品检知　Bool　%I4.4 6号料仓产品检知　Bool　%I4.5 仓储单元输出 名称　数据类型　地址 1号料仓红灯　Bool　%Q4.0 1号料仓绿灯　Bool　%Q4.1 2号料仓红灯　Bool　%Q4.2 2号料仓绿灯　Bool　%Q4.3 3号料仓红灯　Bool　%Q4.4 3号料仓绿灯　Bool　%Q4.5 4号料仓红灯　Bool　%Q5.0 4号料仓绿灯　Bool　%Q5.1 5号料仓红灯　Bool　%Q5.2 5号料仓绿灯　Bool　%Q5.3 6号料仓红灯　Bool　%Q5.4 6号料仓绿灯　Bool　%Q5.5
③如右图所示，为 1 号料仓检测有无轮毂零件程序段。 当 1 号仓位有物料时，I4.0 常开输入点接通，对应输出点 Q4.1 得电，1 号仓位绿色指示灯亮起；当 1 号仓位无物料时，I4.0 常开输入点_____，对应输出点位 Q4.0 得电，即_____	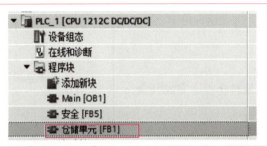

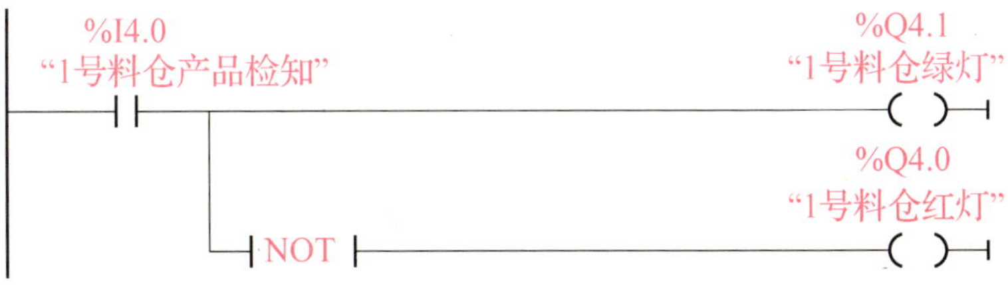

续表

操作步骤	图 示
④可参照 1 号料仓程序完成其余料仓程序的编写	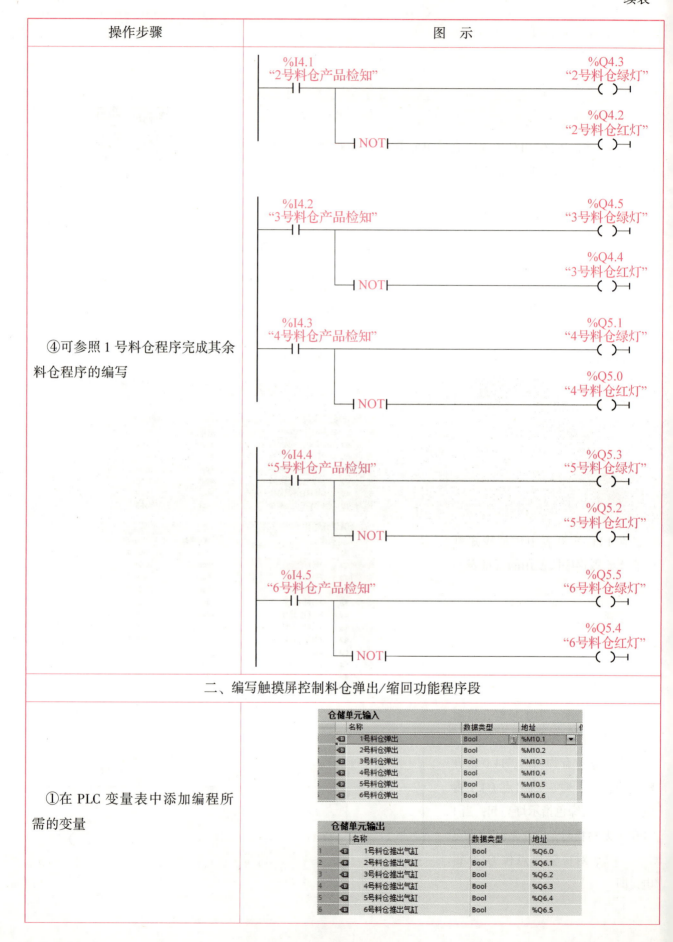
二、编写触摸屏控制料仓弹出/缩回功能程序段	
①在 PLC 变量表中添加编程所需的变量	

续表

操作步骤	图　示
②如右图所示，为通过触摸屏按钮控制 1 号料仓推出和缩回程序段。 当按下触摸屏上控制 1 号料仓弹出按钮时，M10.1 常开输入点＿＿＿＿，对应输出点 Q6.0 被置位，1 号仓位推出；当按下触摸屏上控制 1 号料仓缩回按钮时，M10.1 常开输入点＿＿＿＿，对应输出点位 Q6.0 复位，1 号仓位缩回	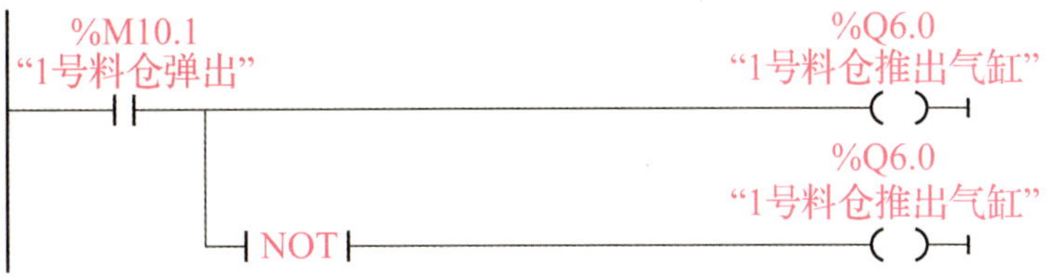 %M10.1 "1号料仓弹出" ── %Q6.0 "1号料仓推出气缸" ( ) ── NOT ── %Q6.0 "1号料仓推出气缸" ( )
③可参照 1 号料仓程序完成其余料仓控制程序的编写	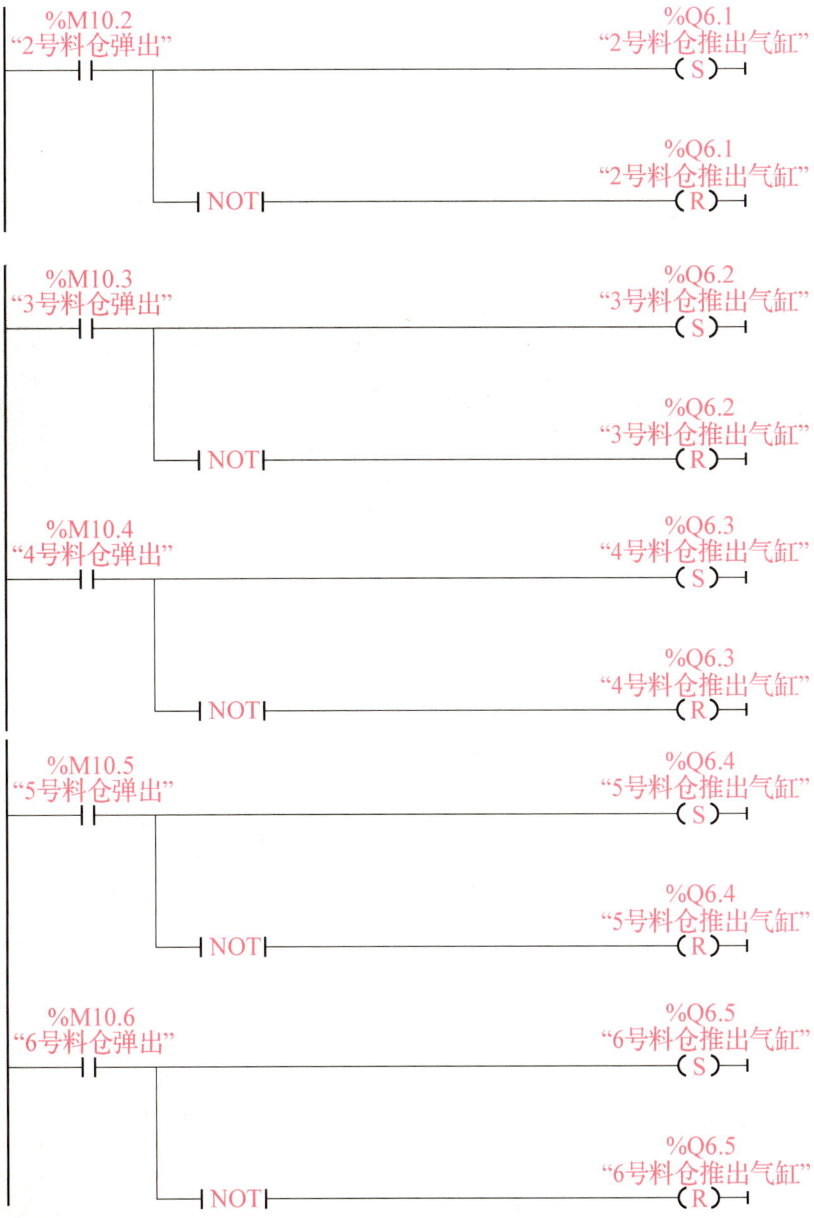 %M10.2 "2号料仓弹出" ── %Q6.1 "2号料仓推出气缸" (S) ── NOT ── %Q6.1 "2号料仓推出气缸" (R) %M10.3 "3号料仓弹出" ── %Q6.2 "3号料仓推出气缸" (S) ── NOT ── %Q6.2 "3号料仓推出气缸" (R) %M10.4 "4号料仓弹出" ── %Q6.3 "4号料仓推出气缸" (S) ── NOT ── %Q6.3 "4号料仓推出气缸" (R) %M10.5 "5号料仓弹出" ── %Q6.4 "5号料仓推出气缸" (S) ── NOT ── %Q6.4 "5号料仓推出气缸" (R) %M10.6 "6号料仓弹出" ── %Q6.5 "6号料仓推出气缸" (S) ── NOT ── %Q6.5 "6号料仓推出气缸" (R)

续表

操作步骤	图　示
④进入主程序 Main，在其中调用仓储单元的 _____ 块子程序	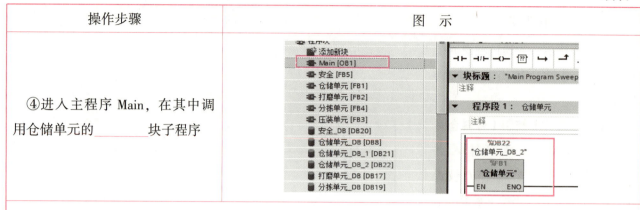

2. 程序调试

在完成了程序的编写之后，需要对程序进行验证，将仓储单元对应功能的 PLC 程序下载到 PLC1 当中。PLC 程序的调试步骤见下表。

操作步骤	图　示
检知料仓有无轮毂零件程序段调试	
①程序下载完成后，点击"_____"按钮，使程序段处于在线监控状态。 在1号料仓无轮毂时测试程序段，此时可以看到，由于1号料仓未放置轮毂，I4.0 输入点未接通，此时 Q4.0 输出点接通，1号料仓红色灯亮起	 
②在1号料仓放置一个轮毂，观察程序段中信号的变化，此时可以看到，I4.0 输入点接通，Q4.0 输出点接通，1号料仓绿色灯亮起。 参照以上方法完成其余料仓指示灯功能测试。如料仓的指示灯功能不正常，需要查看与指示灯关联的变量是否正确，以及硬件接线是否正确	 

续表

操作步骤	图　示
控制料仓推出/缩回程序段调试	
| ①使程序段处于在线监控状态，1号料仓初始状态处于_____状态。<br>在PLC端使M10.1输入点接通，观察仓位是否被推出，如推出则推出功能正常 | ```
%M10.3                    %Q6.0
"1号料仓弹出"          "1号料仓推出气缸"
───┤├──────────────────────( S )──┤
                                  %Q6.0
                            "1号料仓推出气缸"
        ──┤NOT├─────────────────( R )──┤
```<br> |
| ②1号料仓初始状处于伸出状态时进行测试，在PLC端设置M10.1输入点处于_____状态，观察仓位是否缩回，如缩回则功能正常。
参照以上方法完成其余料仓弹出/缩回程序功能测试。
如料仓的弹出/缩回程序功能测试不正常，需要查看与输入点关联的变量是否正确，以及硬件接线是否正确 | 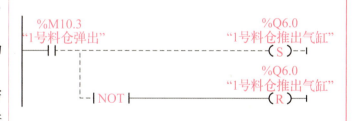 |

任务评价

1. 任务评价表

评价项目	比例	配分	序号	评价要素	评分标准	自评	教师评价
6S职业素养	30%	30分	①	选用适合的工具实施任务，清理无须使用的工具	未执行扣6分		
			②	合理布置任务所需使用的工具，明确标识	未执行扣6分		
			③	清除工作场所内的脏污，发现设备异常立即记录并处理	未执行扣6分		
```

续表

评价项目	比例	配分	序号	评价要素	评分标准	自评	教师评价
6S职业素养	30%	30分	④	规范操作，杜绝安全事故，确保任务实施质量	未执行扣6分		
			⑤	具有团队意识，小组成员分工协作，共同高质量完成任务	未执行扣6分		
PLC程序编写与调试	70%	70分	①	能根据具体应用（如仓储单元的功能），完成PLC程序的功能规划	未掌握扣20分		
			②	能根据具体应用（如仓储单元的功能），完成设备网络组态	未掌握扣20分		
			③	能使用PLC简单的功能指令完成工业机器人典型工作任务（如搬运码垛涉及的仓储功能），通过PLC程序编写与调试	未掌握扣30分		
合　计							

2. 活动过程评价表

评价指标	评价要素	分数	得分
信息检索	能有效利用网络资源、工作手册查找有效信息；能用自己的语言有条理地去解释、表述所学知识；能将查找到的信息有效转换到工作中	10	
感知工作	是否熟悉各自的工作岗位，认同工作价值；在工作中，是否获得满足感	10	
参与状态	与教师、同学之间是否相互尊重、理解、平等；与教师、同学之间是否能够保持多向、丰富、适宜的信息交流。探究学习、自主学习不流于形式，处理好合作学习和独立思考的关系，做到有效学习；能提出有意义的问题或能发表个人见解；能按要求正确操作；能够倾听、协作分享	20	
学习方法	工作计划、操作技能是否符合规范要求；是否获得了进一步发展的能力	10	
工作过程	遵守管理规程，操作过程符合现场管理要求；平时上课的出勤情况和每天完成工作任务情况；善于多角度思考问题，能主动发现、提出有价值的问题	15	

续表

评价指标	评价要素	分数	得分
思维状态	是否能发现问题、提出问题、分析问题、解决问题	10	
自评反馈	按时按质完成工作任务；较好地掌握了专业知识点；具有较强的信息分析能力和理解能力；具有较为全面严谨的思维能力并能条理明晰表述成文	25	
总　分		100	

任务 3.2 触摸屏程序编写与调试

案例触摸屏程序需与任务 3.1 中的 PLC 程序联合使用，触摸屏上相关按钮与 PLC1 对应输入信号相关联，操控触摸屏上按钮可改变 PLC1 端控制料仓弹出、缩回输出信号的状态，进而可实现操控触摸屏控制仓储单元对应料仓弹出和缩回状态的目的。

任务页——触摸屏程序编写与调试

工作任务	触摸屏程序编写与调试	教学模式	理实一体
建议学时	参考学时共 6 学时，其中相关知识学习 3 学时；学员练习 3 学时	需设备、器材	工业机器人集成设备
任务描述	案例触摸屏程序需与任务 3.1 中的 PLC 程序联合使用，触摸屏上相关按钮与 PLC1 对应输入信号相关联，操控触摸屏上按钮可改变 PLC1 端控制料仓弹出、缩回输出信号的状态，进而可实现操控触摸屏控制仓储单元对应料仓弹出和缩回状态的目的		
职业技能	2.3.2 能根据工业机器人典型应用（如搬运码垛、装配等）的任务要求，在触摸屏编程软件上创建相应工程。 2.3.3 能进行触摸屏画面的仿真运行		

3.2.1 触摸屏程序编写

任务实施

本案例详细讲解控制仓储单元料仓弹出、缩回功能触摸屏程序的编程方法，详细步骤见下表。

仓储单元触摸屏程序编写

操作步骤	图　示
一、添加新画面	
①使用博途软件打开任务 3.1 案例中创建的工程文件，添加新触摸屏设备（KTP900 Basic）并组态。 添加新画面，为新画面命名为"仓储单元"界面	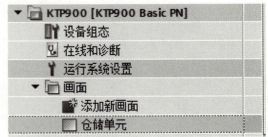

续表

操作步骤	图 示
二、触摸屏底图设置	
①选中背景区域，可以在属性窗口中修改背景的颜色	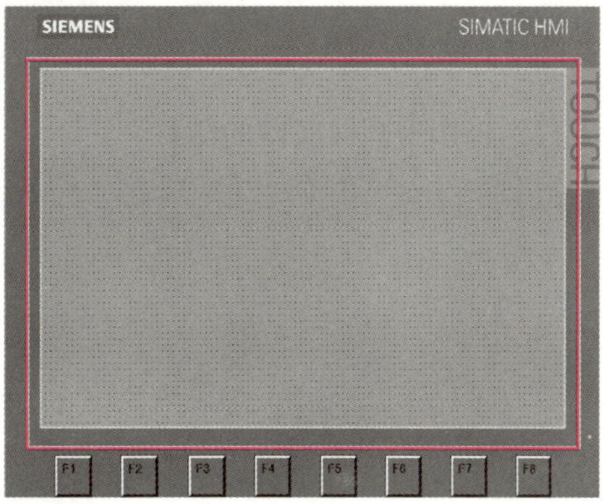
②将背景颜色及网格颜色都设置为_____，此时画面的背景将改为_____	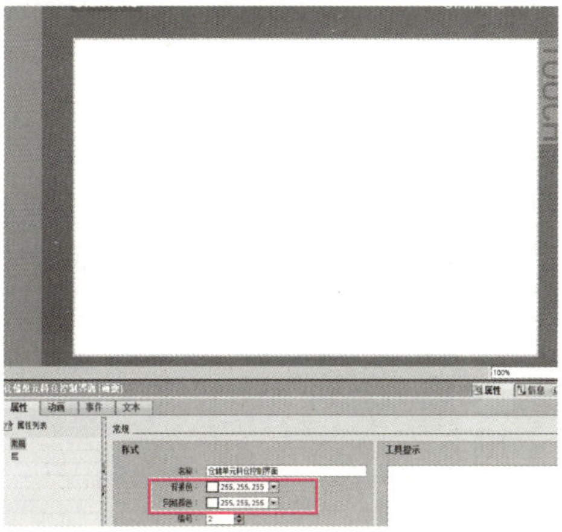
③在工具箱的基本对象中，选择图示"_____"对象并双击添加，为画面添加底图	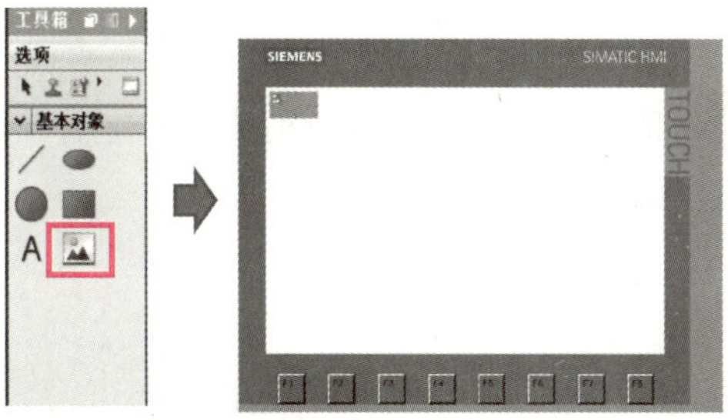
④选中底图对应的图片对象后，点击鼠标右键，在菜单选项中选择"_____"	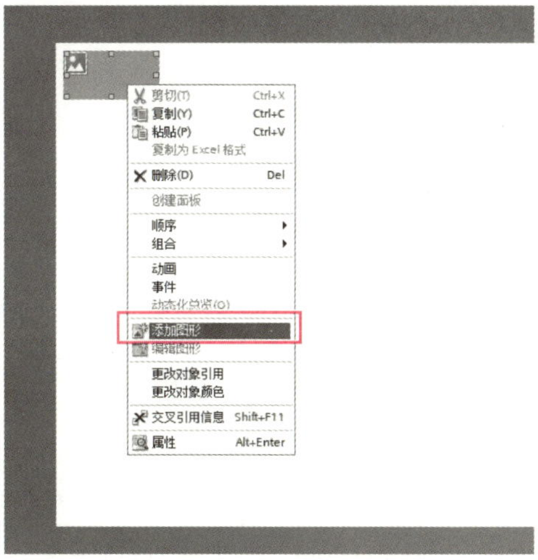

续表

操作步骤	图　　示
⑤在路径中找到将作为画面底图的图片文件，然后点击"_____"	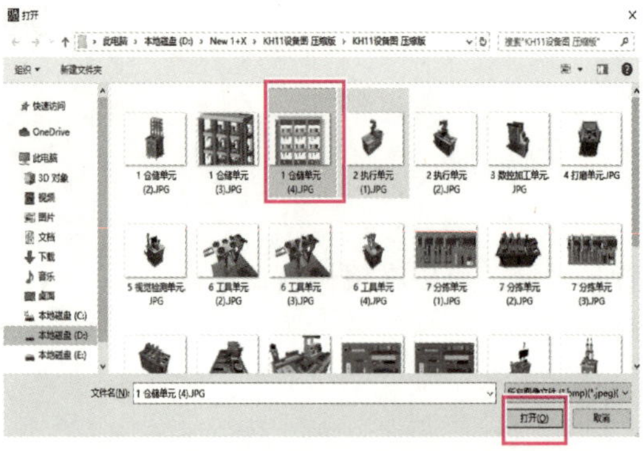 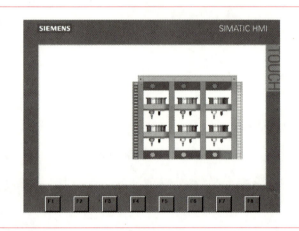
⑥将插入的图片放置到合适的位置上，并调整图片的大小	
三、添加文字	
①在工具箱的基本对象中，选择图示"_____"对象并双击添加	
②将添加的文本域对象移动到画面合适的位置，选中文本域对象，在属性-常规下，可设定文本（Text）内容和字体样式。 如右图所示，添加文本"_____　　　"，并设定字体样式为宋体，25px	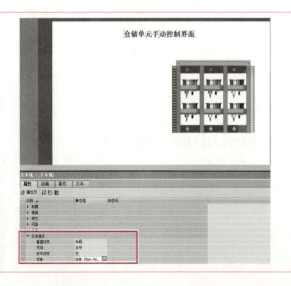

续表

操作步骤	图　示
③添加"1号料仓"文本文字	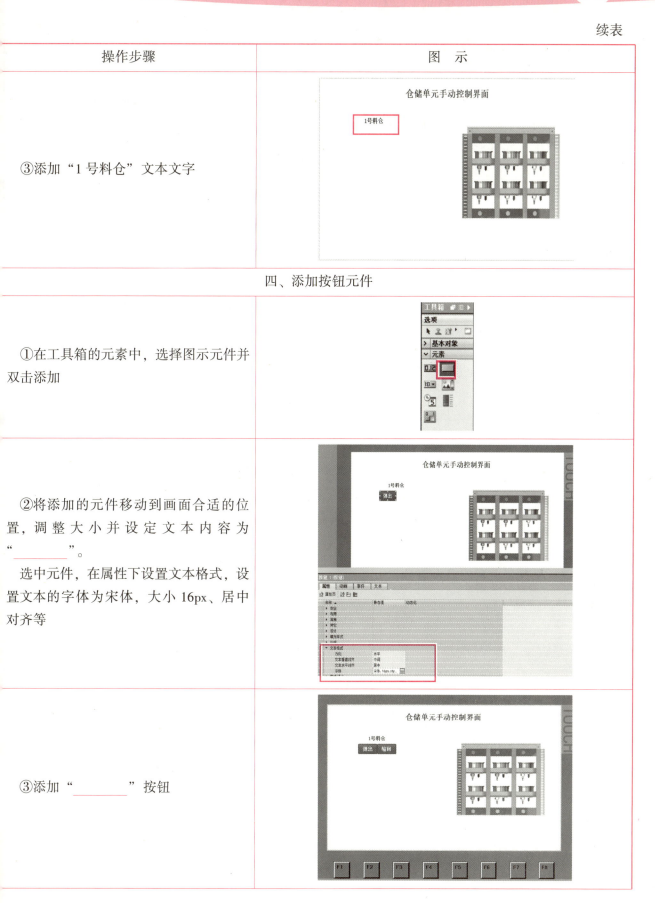
四、添加按钮元件	
①在工具箱的元素中，选择图示元件并双击添加	
②将添加的元件移动到画面合适的位置，调整大小并设定文本内容为"_____"。 选中元件，在属性下设置文本格式，设置文本的字体为宋体，大小 16px、居中对齐等	
③添加"_____"按钮	

续表

操作步骤	图 示
④选中"弹出"元件,在事件下选择"点击",添加函数"置位位"。 使用"_____"功能可以实现按下弹出按钮时,该按钮关联的信号或中间变量被置位	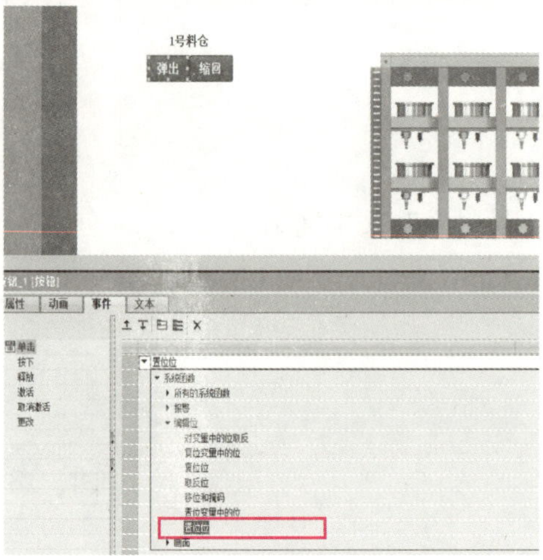
⑤选择该按钮需要关联的 PLC 变量,如右图所示选择"_____"输入信号	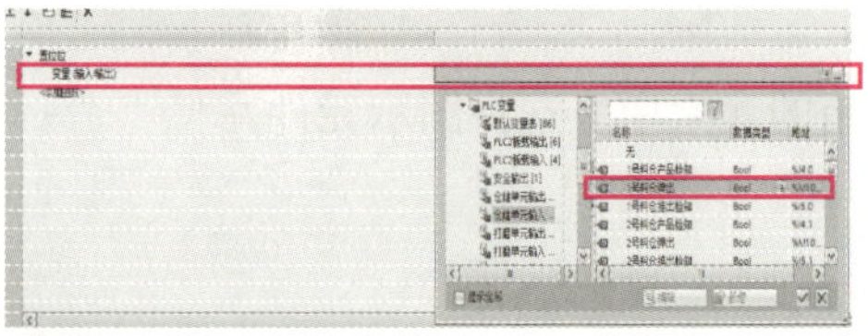
⑥选中"缩回"按钮,在事件下选择"点击",添加函数"复位位"。 使用"_____"功能可以实现按下缩回按钮时,该按钮关联的输入信号被复位	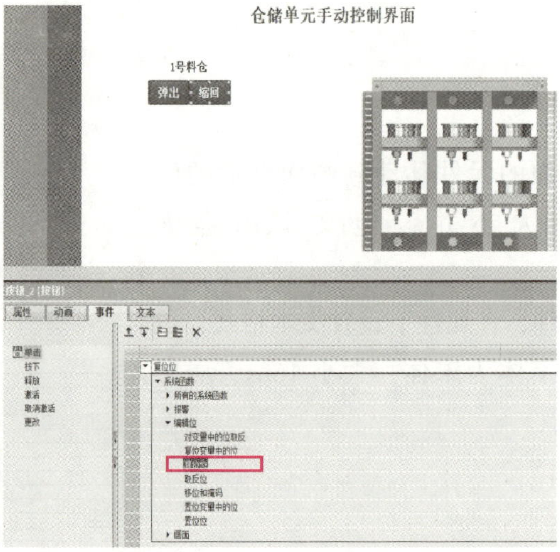
⑦根据表对应的功能,选择该按钮需要关联的 PLC 变量,如右图所示选择"_____"输入信号	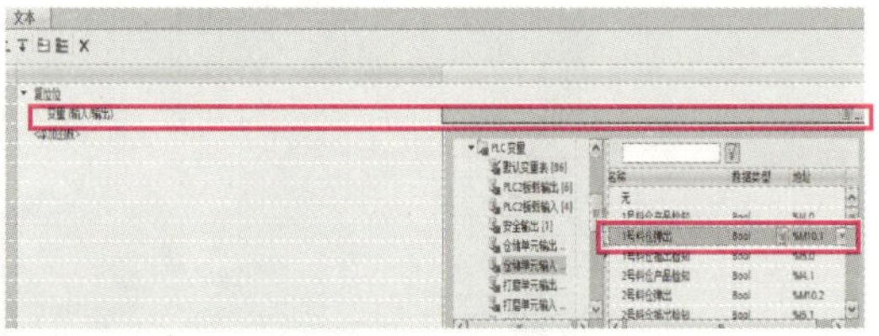
⑧添加控制其他料仓弹出/缩回的按钮	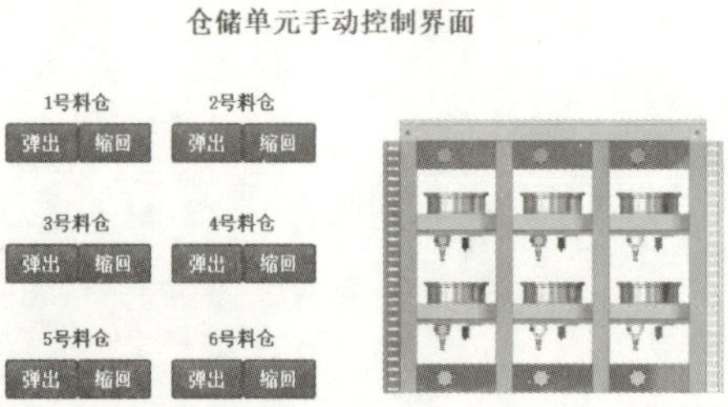

续表

操作步骤	图示
五、添加页面切换按钮	
①可参考以上方法完成工作站中其他单元设备控制的触摸屏界面。 将已经编辑好的界面拖入仓储单元界面中，可以自动形成返回到这些界面的按钮，仓储单元手动控制界面编辑完成	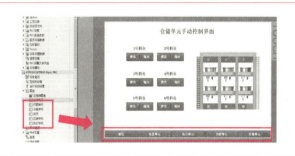
六、工作站触摸屏示例	
①参照仓储单元触摸屏程序的编程方法可以完成触摸屏首页、压装单元、打磨单元、分拣单元、执行单元的触摸屏程序的编写，实现对各个单元设备的手动控制，完成编写的执行单元触摸屏界面如右图所示	

3.2.2 触摸屏程序调试

任务实施

完成仓储单元触摸屏程序的编写后，需要对该触摸屏功能进行验证。进行触摸屏程序调试前，需将仓储单元对应功能的 PLC 程序下载到 PLC 当中，将触摸屏程序下载到触摸屏设备中。触摸屏程序的调试步骤见下表。

仓储单元触摸屏程序调试

操作步骤	图示
①点击 1 号料仓"＿＿＿＿＿" "＿＿＿＿＿"按钮，对程序进行测试	

续表

操作步骤	图 示
②点击1号料仓"_____"按钮，与推出按钮关联的输入信号 M10.1 接通，Q6.0 被置位，1号料仓推出	
③点击1号料仓"_____"按钮，与推出按钮关联的输入信号 M10.1 断开，Q6.0 被复位，1号料仓缩回。 如料仓的弹出/缩回功能不正常，需要查看与按钮关联的变量是否正确，以及 PLC 程序输入输出位的变化、硬件接线是否正确	 

续表

任务评价

1. 任务评价表

评价项目	比例	配分	序号	评价要素	评分标准	自评	教师评价
6S职业素养	30%	30分	①	选用适合的工具实施任务，清理无须使用的工具	未执行扣6分		
			②	合理布置任务所需使用的工具，明确标识	未执行扣6分		
			③	清除工作场所内的脏污，发现设备异常立即记录并处理	未执行扣6分		
			④	规范操作，杜绝安全事故，确保任务实施质量	未执行扣6分		
			⑤	具有团队意识，小组成员分工协作，共同高质量完成任务	未执行扣6分		
触摸屏程序编写与调试	70%	70分	①	能根据工业机器人典型应用（如搬运码垛涉及的仓储功能）的任务要求，完成触摸屏程序编写	未掌握扣40分		
			②	能根据工业机器人典型应用（如搬运码垛涉及的仓储功能）的任务要求，完成触摸屏程序调试	未掌握扣30分		
合　计							

2. 活动过程评价表

评价指标	评价要素	分数	得分
信息检索	能有效利用网络资源、工作手册查找有效信息；能用自己的语言有条理地去解释、表述所学知识；能将查找到的信息有效转换到工作中	10	
感知工作	是否熟悉各自的工作岗位，认同工作价值；在工作中，是否获得满足感	10	
参与状态	与教师、同学之间是否相互尊重、理解、平等；与教师、同学之间是否能够保持多向、丰富、适宜的信息交流。探究学习、自主学习不流于形式，处理好合作学习和独立思考的关系，做到有效学习；能提出有意义的问题或能发表个人见解；能按要求正确操作；能够倾听、协作分享	20	

续表

评价指标	评价要素	分数	得分
学习方法	工作计划、操作技能是否符合规范要求；是否获得了进一步发展的能力	10	
工作过程	遵守管理规程，操作过程符合现场管理要求；平时上课的出勤情况和每天完成工作任务情况；善于多角度思考问题，能主动发现、提出有价值的问题	15	
思维状态	是否能发现问题、提出问题、分析问题、解决问题	10	
自评反馈	按时按质完成工作任务；较好地掌握了专业知识点；具有较强的信息分析能力和理解能力；具有较为全面严谨的思维能力并能条理明晰表述成文	25	
总　分		100	

任务3.3　视觉检测模板设置与调试

视觉检测系统的编程即对于视觉检测的对象进行视觉模板的编辑,本案例中的视觉检测对象为轮毂零件上面安装的两种车标,车标上印刻有表示Benz(奔驰)和BMW(宝马)汽车品牌的英文字母,需要对两种不同车标上的字母进行形状的检测,如图3-3所示。两种车标上不同字母的检测结果会决定着轮毂零件后续分拣流程中的不同走向。

奔驰车标　　　　　　　　　　　　宝马车标

图3-3　视觉检测的两种车标

任务页——视觉检测模板设置与调试

工作任务	视觉检测模板设置与调试	教学模式	理实一体
建议学时	参考学时共6学时,其中相关知识学习3学时;学员练习3学时	需设备、器材	工业机器人集成设备
任务描述	本任务主要实现工业机器人与视觉检测系通过无协议TCP/IP进行网络通信的网络配置与连接方式,然后根据典型应用任务要求,制作车标的视觉检测模板,并对视觉检测模板进行测试验证		
职业技能	2.4.1　能完成视觉相机的网络配置与连接。 2.4.2　能完成视觉识别模板的制作。 2.4.3　能熟练地切换视觉系统的应用场景,完成视觉检测程序的调用		

3.2.1　视觉检测系统通信配置

任务实施

1. 视觉检测案例通信硬件连接

工业机器人集成系统中视觉系统采用的是欧姆龙FH-L550控制器,该控制器的硬件接口如图3-4所示。

续表

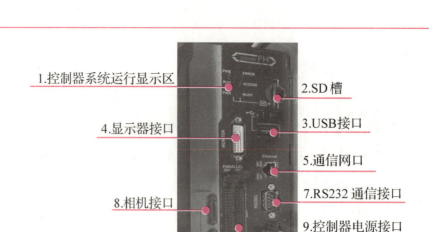

图 3-4　欧姆龙 FH-L550 控制器延伸接口

ABB IRB120 工业机器人的控制器上 WAN 端口是控制器唯一可连接到公共网络的接口，通常使用网络管理员提供的公用 IP 地址连接到_____网络，此处选用 WAN 网口连接视觉检测系统与 ABB 工业机器人进行基于 TCP 的通信，如图 3-5 所示。

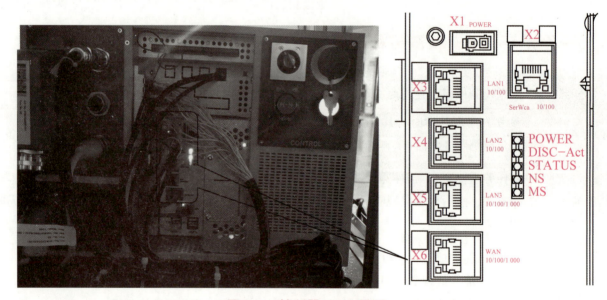

图 3-5　控制器 WAN 端口

工业机器人与视觉系统通过 TCP 的网络方式通信，只需使用网线连接工业机器人控制器 WAN 网口的外接网口和视觉检测系统网口的外接网口即可完成通信硬件接线，实现数据的交互。

2. 视觉检测案例通信配置

（1）工业机器人端网络设置

工业机器人与视觉系统通过无协议_____进行网络通信时，需要分别在工业机器人示教器以及视觉系统中进行相应的通信设置。首先在工业机器人示教器中查看并修改工业机器人的 IP 地址，设置 IP 地址的详细步骤见下表。

视觉检测系统通信配置

续表

操作步骤	示意图
①在工业机器人的"控制面板"中点击"配置",进入参数配置界面。 然后点击"主题",并选择"Communication",选择"＿＿＿＿＿＿",进入 IP 设置界面	
②双击 IP 值,输入 IP 地址"192.168.0.201",保证该地址与视觉检测系统的 IP 地址处于同一网段,但地址不重叠;更改网口为广域网"WAN";将标签命名为"CCD",备注该 IP 地址和视觉系统进行通信,重启完成设置。 注意:如果使用局域网 LAN,则工业机器人与外部设备的连接是通过局域网口进行通信的	

(2) 视觉检测系统通信网络设置

在工业机器人的端完成网络 IP 设置之后,同样需要在视觉系统端进行相应的设置,视觉系统通信网络设置步骤见下表。注意保证视觉控制系统的 IP 地址与工业机器人 IP 地址处于同一网段,并且设置相应的输入/输出端口号,该端口号在后续的工业机器人与视觉通信程序的编程中会使用到。

操作步骤	示意图
①点击工具,选择"＿＿＿＿＿",进入系统设置界面	
②在系统设置界面,点击"通信模块"按钮,将"串行(以太网)"设置为"无协议(TCP)",并点击"＿＿＿＿"	

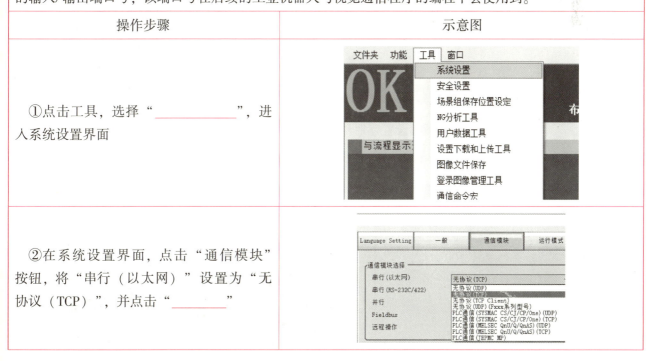

续表

操作步骤	示意图
③点击"_____",先选择"保存",保存当前的设定;然后选择"系统重启",使通信模块的设置生效	
④点击"_____",选择"系统设置",再次进入系统设置界面。点击"以太网(无协议 TCP)"进入其设置界面。 更改视觉控制系统的 IP 地址,保证与工业机器人处于同一网段的不同地址,然后修改输入/输出端口号为_____,完成后点击使用。 点击"功能",选择保存,通信设置完毕	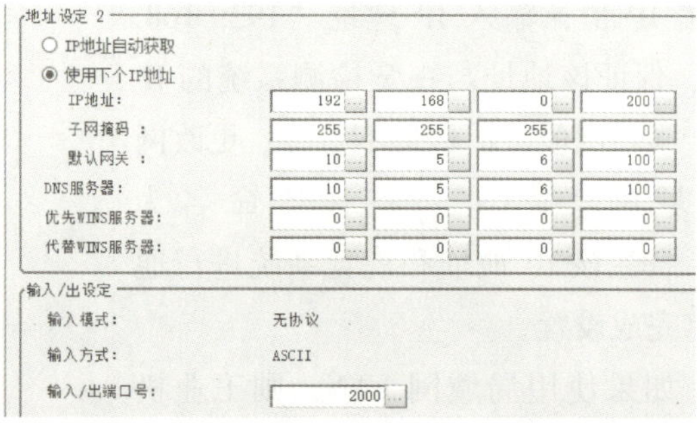

3.3.2 视觉检测系统模板设置与调试

任务实施

两种车标检测模板的详细设置及调试见下表。

字符型车标检测模板的设置与调试

操作步骤	示意图
一、设置奔驰和宝马车标的图像模板	
①点击"场景切换"按钮,选择场景组1,场景1,点击"确定",在该场景中编辑检测流程	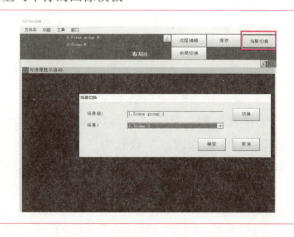

续表

操作步骤	示意图
②点击左上角绿色矩形"■"，图像模式选择"_____"。之后就可以看到相机拍摄场景，如右图所示	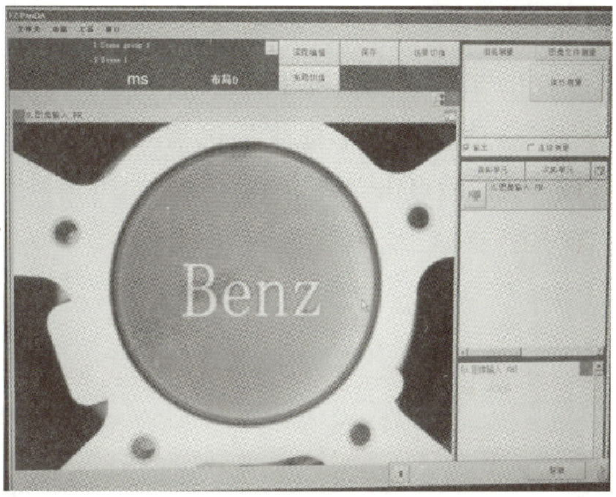 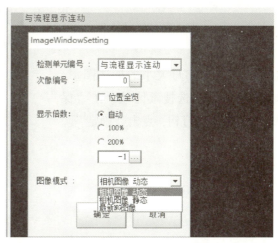
③操纵工业机器人将安装有 Benz 车标的轮毂零件移动至视觉检测点位。 点击"_____"按钮，在流程编辑界面插入"形状搜索Ⅲ"，该功能可以对 Benz 车标的图案进行检测	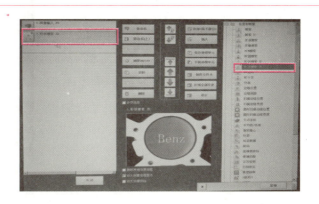
④进入"_____"编辑界面，点击"编辑"	

续表

操作步骤	示意图
⑤选择符合 Benz 字母大小的框选图形，此处选择长方形，框选搜索区域，在"保存模型登录图像"处打钩，点击"确定"	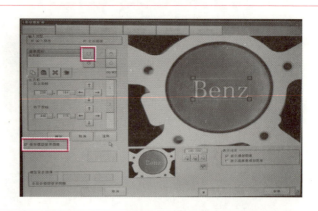
⑥在"＿＿＿＿"选项卡中，点击"＿＿＿＿"，使用长方形框来框选需要处理的区域，完成后点击"确定"	
⑦点击"＿＿＿＿"选项卡，将相似度修改为 80 至 100，如右图所示，点击"确定"	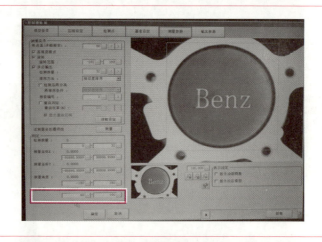
⑧在流程编辑界面插入"＿＿＿＿"	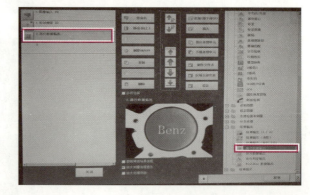

续表

操作步骤	示意图
⑨点击"_____"图标，进入其设置界面。在"设定"栏，选定综合判定函数表达式"_____"，该函数的直接输出结果为"1.0000 结果 OK"和"-1.0000 结果 NG"	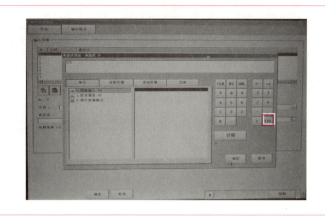
⑩在"_____"栏，选择通信方式为"以太网"，其余参数保持不变，点击确定。"串行数据输出"流程设置完毕	
⑪利用工业机器人将安装有 BMW 车标的轮毂零件移动至_____点位	
⑫点击"_____"按钮，选择场景组 1，场景 2，点击"确定"，在该场景中编辑检测流程	

续表

操作步骤	示意图
⑬完成 BMW 车标的字母形状检测模板设置	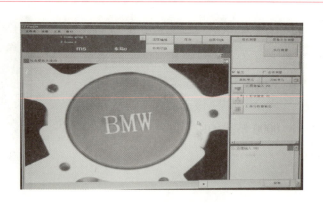
二、视觉检测图像模板调试	
①设置完成后，分别检测 Benz 和 BMW 两种车标，执行测量，查看测量结果是否与设置的模板一致。如右图所示，在场景组1，场景 1 中，当检测车标为 Benz 车标时，检测应判定为 OK；当为 BMW 车标时，检测应判定为 NG	
②如右图所示，在场景组 1，场景 2 中，当检测车标为 BMW 车标时，检测应判定为 OK；当为 Benz 车标时，检测应判定为 NG。在"功能"下拉菜单中，选择"_____"，保存设定成功的两个视觉检测场景模板	

续表

任务评价

1. 任务评价表

评价项目	比例	配分	序号	评价要素	评分标准	自评	教师评价
6S职业素养	30%	30分	①	选用适合的工具实施任务，清理无须使用的工具	未执行扣6分		
			②	合理布置任务所需使用的工具，明确标识	未执行扣6分		
			③	清除工作场所内的脏污，发现设备异常立即记录并处理	未执行扣6分		
			④	规范操作，杜绝安全事故，确保任务实施质量	未执行扣6分		
			⑤	具有团队意识，小组成员分工协作，共同高质量完成任务	未执行扣6分		
视觉检测模板设置与调试	70%	70分	①	能根据具体应用环境，完成视觉相机的网络配置与连接	未掌握扣20分		
			②	能根据具体应用环境（如奔驰和宝马车标的图像模板），完成视觉识别模板的制作	未掌握扣30分		
			③	能熟练地切换视觉系统的应用场景（如奔驰和宝马车标的图像识别），完成视觉检测程序的调用	未掌握扣20分		
合 计							

2. 活动过程评价表

评价指标	评价要素	分数	得分
信息检索	能有效利用网络资源、工作手册查找有效信息；能用自己的语言有条理地去解释、表述所学知识；能将查找到的信息有效转换到工作中	10	
感知工作	是否熟悉各自的工作岗位，认同工作价值；在工作中，是否获得满足感	10	

续表

评价指标	评价要素	分数	得分
参与状态	与教师、同学之间是否相互尊重、理解、平等；与教师、同学之间是否能够保持多向、丰富、适宜的信息交流。 探究学习、自主学习不流于形式，处理好合作学习和独立思考的关系，做到有效学习；能提出有意义的问题或能发表个人见解；能按要求正确操作；能够倾听、协作分享	20	
学习方法	工作计划、操作技能是否符合规范要求；是否获得了进一步发展的能力	10	
工作过程	遵守管理规程，操作过程符合现场管理要求；平时上课的出勤情况和每天完成工作任务情况；善于多角度思考问题，能主动发现、提出有价值的问题	15	
思维状态	是否能发现问题、提出问题、分析问题、解决问题	10	
自评反馈	按时按质完成工作任务；较好地掌握了专业知识点；具有较强的信息分析能力和理解能力；具有较为全面严谨的思维能力并能条理明晰表述成文	25	
总　分		100	

项目评测

项目三　机电集成系统周边设备程序开发

项目知识测试

一、选择题

1. 仓储单元每个仓位均设有位置传感器，可检测当前仓位零件的(　　)状态。
   A. 湿度　　　　　B. 温度　　　　　C. 距离　　　　　D. 有无

2. 仓储单元的远程 I/O 模块，包含 PROFINET 适配器 FR8210，2 个 FR1108 (　　) 和 3 个 FR2108 数字量输出模块。
   A. 数字量输入模块　B. 数字量输出模块　C. 模拟量输出模块　D. 模拟量输入模块

3. 工业机器人集成设计过程中，使用触摸屏实现对加工过程的可视化监测与控制。关于触摸屏选型，下列描述错误的是(　　)。
   A. 触摸屏规格需符合应用场合要求，规格过大将造成资源的浪费，同时也不便于安装，规格过小将造成操作不便等问题。
   B. 触摸屏通常对使用环境无要求，所以得以广泛应用。
   C. 需具备通用的数据传输接口，以实现触摸屏工程文件的下载和上传备份，同时需具备与工作站中其他设备通信的接口，以实现信息的共享。
   D. 触摸屏能够与 PLC 协同使用，良好的兼容性与开放性是信息共享的前提。

4. 已知 1 号料仓上检测物料的光电传感器的硬件接线端口地址为 I4.0，下列选项中，实现 1 号料仓检测有无轮毂零件的西门子 PLC 程序段是(　　)。

A.
```
    %I4.1                                   %Q4.3
"2号料仓产品检知"                          "2号料仓绿灯"
    ─┤├─────────────────────────────────────( )─
                                             %Q4.2
                                          "2号料仓红灯"
         ─┤NOT├───────────────────────────( )─
```

B.
```
    %I4.0                                   %Q4.1
"1号料仓产品检知"                          "1号料仓绿灯"
    ─┤├─────────────────────────────────────( )─
                                             %Q4.0
                                          "1号料仓红灯"
         ─┤NOT├───────────────────────────( )─
```

C.
```
    %I4.0                                   %Q4.1
"1号料仓产品检知"                          "1号料仓绿灯"
    ─┤├─────────────────────────────────────( )─
    %Q4.01                                   %Q4.0
"1号料仓绿灯"                              "1号料仓红灯"
    ─┤├─────────────────────────────────────( )─
                                              R
```

```
D.    %I4.1                                          %Q4.1
   "2号料仓产品检知"                                "1号料仓绿灯"
   ─┤ ├──────────────────────────────────────────────( )─
        │                                            %Q4.0
        │                                        "1号料仓红灯"
        └─┤NOT├──────────────────────────────────────( )─
```

5. PLC 与机器人相互配合，可以非常方便地完成搬运、装配等任务。任务要求某 PLC 变量（整型）为 10 时，将参数 1 发送给机器人变量 1；PLC 变量（整型）不等于 10 时，将参数 2 发送给机器人变量 2。下列 PLC 梯形程序中，不能实现该功能的是(　　)。

A.
```
      #PLC变量                    MOVE
       ┤ == ├──────┬──────────┤EN ─── ENO├─
         Int      │         1─┤IN  ✱ OUT1├─#机器人变量1
          10      │
                  │              MOVE
                  └─┤NOT├─────┤EN ─── ENO├─
                            2─┤IN  ✱ OUT1├─#机器人变量2
```

B.
```
      #PLC变量                    MOVE
       ┤ <> ├──────┬──────────┤EN ─── ENO├─
         Int      │         2─┤IN  ✱ OUT1├─#机器人变量2
          10      │
                  │              MOVE
                  └─┤NOT├─────┤EN ─── ENO├─
                            1─┤IN  ✱ OUT1├─#机器人变量1
```

C.
```
      #PLC变量         MOVE                         MOVE
       ┤ == ├──────┤EN ─── ENO├──┤NOT├───────────┤EN ─── ENO├─
         Int      1─┤IN  ✱ OUT1├─#机器人变量1   2─┤IN  ✱ OUT1├─#机器人变量2
          10
```

续表

D.

```
     #PLC变量      #PLC变量                  MOVE
      |>=|          |<=|                EN ─── ENO
      |Int|         |Int|             1─IN  * OUT1─── #机器人变量1
       9             11

     #PLC变量                           MOVE
      |<|                           EN ─── ENO
      |Int|                       2─IN  * OUT1─── #机器人变量2
       10

     #PLC变量
      |>|
      |Int|
       10
```

6. 下列哪些组件不是 PC 式视觉传感系统的必备组件(　　)。
A. 到位触发传感器　　B. 视觉控制器　　C. 图像检测软件　　D. 镜头和相机

二、判断题

1. 工业机器人与视觉系统通过无协议 TCP/IP 进行网络通信时，仅需在工业机器人示教器中进行相应的通信设置。(　　)

2. ABB IRB120 工业机器人的控制器上 Service、LAN2、LAN3 和 WAN 端口均是控制器可连接到公共网络的接口。(　　)

3. ABB 工业机器人与欧姆龙 FH 系列视觉系统通过无协议 TCP/IP 进行网络通信时，仅需在工业机器人示教器中进行相应的通信设置。(　　)

职业技能测试

一、PLC 网络组态及 PLC 程序下载与调试。

1. 完成 PLC1、PLC2、PLC3 的 IP 设置

要求：PLC 与工作站通信网络中其他设备的 IP 地址在同一网段，且互不重叠。

注意：PLC1 为总控单元中用于控制和监控工作站设备状态的可编程控制器，PLC2 为用于控制和监控工作站指示灯和按钮等状态的可编程控制器，PLC3 为执行单元用于控制伺服滑台动作的可编程控制器。

2. 考核模块 PLC 程序已经完成编写并存储于电脑"D 盘技能考核"文件夹中，现需分别下载以上程序至对应工作站的 PLC1、PLC2、PLC3 硬件设备中。

联机调试并测试仓储单元控制程序，控制指定料仓的弹出和缩回；调试并测试执行单元控制程序，控制工业机器人随滑台移动

项目四

机电集成系统调试与优化

项目导言

本项目工业机器人集成系统调试与优化是针对工业机器人工作站系统功能和稳定性进行的，涉及工作站的虚拟仿真、电机参数设置、传感器的调试、各模块单元的联机调试、工业机器人轨迹优化和生产节拍优化等内容。工业机器人集成系统调试与优化的核心目标是通过对系统的调试使工作站满足工业生产任务的需求后，再通过对系统的优化提高保障工作站的工作性能。

工业机器人集成应用职业等级标准对照表

工作领域	工业机器人系统调试与优化					
工作任务	工作站虚拟仿真		电机参数设置			传感系统调试	
任务分解	虚拟工作站搭建	工作站离线仿真与轨迹优化	伺服电机参数设置	变频电机参数设置	步进电机参数设置	位置传感器调试	视觉传感器调试
项目实施 职业能力	\multicolumn{6}{l|}{3.1.1 能使用离线编程软件，搭建虚拟工作站并进行模型定位和校准。 3.1.2 能按照工作站应用要求，查询真实工作站的工具坐标系数据，并在虚拟环境中设定。 3.1.3 能使用离线编程软件，进行工业机器人运动轨迹的模拟，避免工业机器人在运动过程中的奇异点或设备碰撞等问题。 3.1.4 能按照工作站应用要求，进行工作站应用的虚拟仿真。 3.2.1 能完成伺服电机的网络参数、速度、加减速和位置等参数的设置。 3.2.2 能完成变频电机速度和加减速等参数的设置。 3.2.3 能完成步进电机细分参数和电流等参数的设置。 3.3.1 能完成非接触式位置传感器感应距离的调整。 3.3.2 能完成接触式位置传感器触发距离的调整。 3.3.3 能完成视觉传感器焦距、光圈等参数的调整}					

任务 4.1 机电集成系统虚拟仿真

工作站的虚拟仿真是指在特定的虚拟软件环境中,根据实际生产场景进行工业机器人工作场景的搭建,并在虚拟环境中对工作站的实际工作流程进行仿真。然后根据在仿真软件环境中获得的仿真结果,对工业机器人的参数(如轨迹)进行优化处理,避免工业机器人的奇异点和设备碰撞等问题,优化后的数据参数(如程序)满足生产条件要求,可导出并应用于对应真实环境中的工业机器人。工作站的虚拟仿真不仅可以有效解决设备缺乏或不在设备现场所带来的问题,还能直观地仿真查看工作站的工作情况。

 任务页——机电集成系统虚拟仿真

工作任务	机电集成系统虚拟仿真	教学模式	理实一体
建议学时	参考学时共 6 学时,其中相关知识学习 0 学时;学员练习 6 学时	需设备、器材	工业机器人集成设备
任务描述	本任务主要使用离线编程软件,搭建虚拟工作站并进行模型定位和校准、然后进行工业机器人运动轨迹的模拟		
职业技能	3.1.1 能使用离线编程软件,搭建虚拟工作站并进行模型定位和校准。 3.1.2 能按照工作站应用要求,查询真实工作站的工具坐标系数据,并在虚拟环境中设定。 3.1.3 能使用离线编程软件,进行工业机器人运动轨迹的模拟,避免工业机器人在运动过程中的奇异点或设备碰撞等问题。 3.1.4 能按照工作站应用要求,进行工作站应用的虚拟仿真		

 4.1.1 虚拟工作站搭建

任务实施

1. 工作站搭建流程认知

在 PQArt 软件中进行,根据实际生产场景中工作站所用的工业机器人、现场设备、工具以及加工工件等_____数据(参数、位置信息等),搭建与实际生产场景相一致的环境和布局,完成工作站的搭建。

工作站的搭建可通常包含场景元素的导入、工业机器人的导入、工具/工件导入或定义和真实环境数据(参数、位置信息等)与设计环境对齐几个流程,典型搭建流程如图 4-1 所示,本文所用工作站场景元素默认已经完成搭建,相关搭建方法参见相关资源。

续表

```
场景元素    →   工业机器人的   →   工具/工件的   →   真实环境数据
的导入          导入和设置        导入或定义        与设计环境数
                                                  据的对齐
```

图 4-1　工作站典型搭建流程

2. 工作站搭建

工作站由总控单元、工具单元、打磨单元、仓储单元、执行单元、分拣单元、压装单元和视觉检测单元组成，如图 4-2 所示。此处通过在_____中导入各单元对应的 CAD 模型，完成案例工作站设计环境（虚拟环境）的搭建和布局。

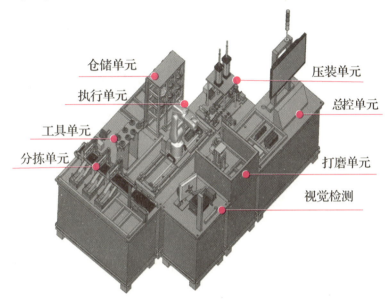

工作站搭建

图 4-2　工作站组成

（1）工作站单元（模块）的搭建

以执行单元与视觉检测单元为例详细介绍工作站单元（模块）搭建的方法，详细步骤见下表。

操作步骤	图　　示
①打开并登陆 PQArt 离线编程软件，点击"新建"，建立一个工程文件	新建
②完成工程文件的新建后，在菜单栏的"_____"或"自定义"下，点击图示"输入"	（机器人编程/自定义 菜单栏图示）

续表

操作步骤	图 示
③进入工作站三维模型所在文件夹中，选择所需导入的模型。例如选择图示文件（执行单元的场景模型文件），点击"打开"	
④导入成功后，在绘图区可见导入的执行单元的场景模型，如右图所示	
⑤在菜单栏的"机器人编程"下，点击图示"_____"	
⑥在机器人库中查找1轴机器人"CHL－DS－11工作站滑轨（ABB－IRB120）"，下载/插入（如右图所示）。 注意：此处导入的导轨场景元素与案例所用伺服滑台规格一致	CHL-DS-11工作站滑轨（ABB-IRB120） 81次使用 下载约1S 机构自定义
⑦导轨场景元素完成导入，导轨将自动定位到执行单元的图示位置。若导轨未在正确的装配位置，可选中导轨后通过_____进行导轨装配位置的设定。 完成后进行执行单元工业机器人的导入	

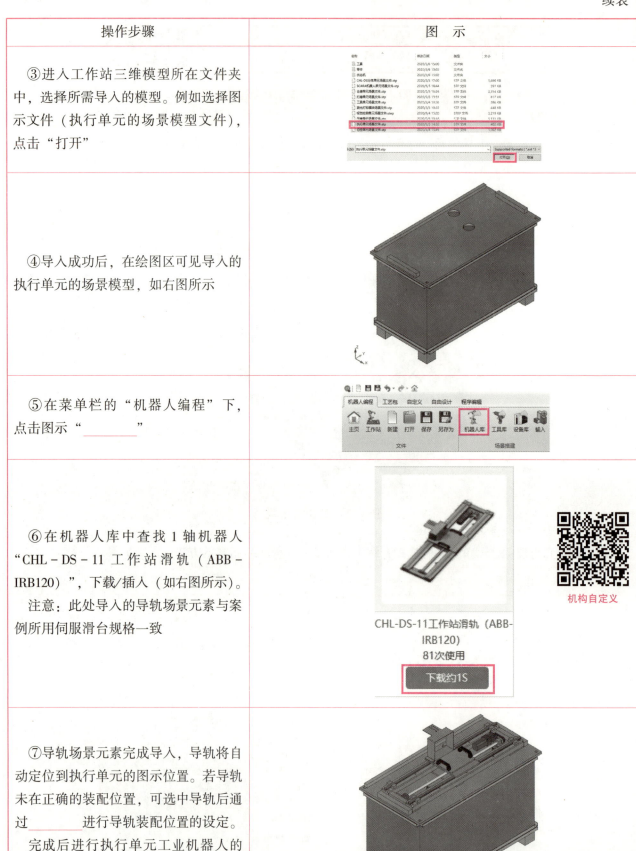

续表

操作步骤	图　示
⑧在菜单栏的"＿＿＿＿"下，点击图示"机器人库"，进行工业机器人的导入	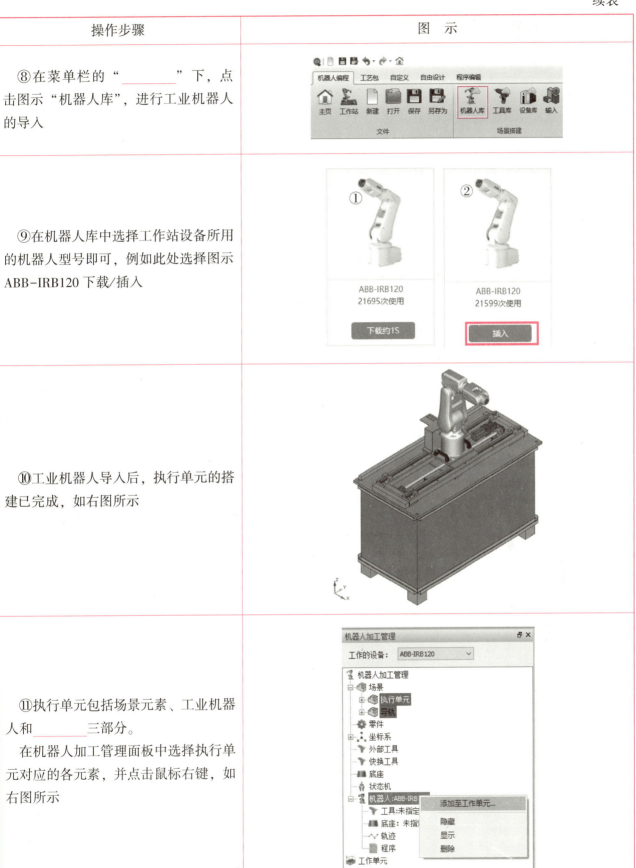
⑨在机器人库中选择工作站设备所用的机器人型号即可，例如此处选择图示 ABB-IRB120 下载/插入	
⑩工业机器人导入后，执行单元的搭建已完成，如右图所示	
⑪执行单元包括场景元素、工业机器人和＿＿＿＿三部分。 在机器人加工管理面板中选择执行单元对应的各元素，并点击鼠标右键，如右图所示	

续表

操作步骤	图　示
⑫点击图示右键菜单中的"添加至工作单元……"	
⑬在绘图区弹出的对话框中，选定"_____"，名称栏中输入单元名称"执行单元"，如右图所示	
⑭点击"确定"，完成添加至工作单元的操作	

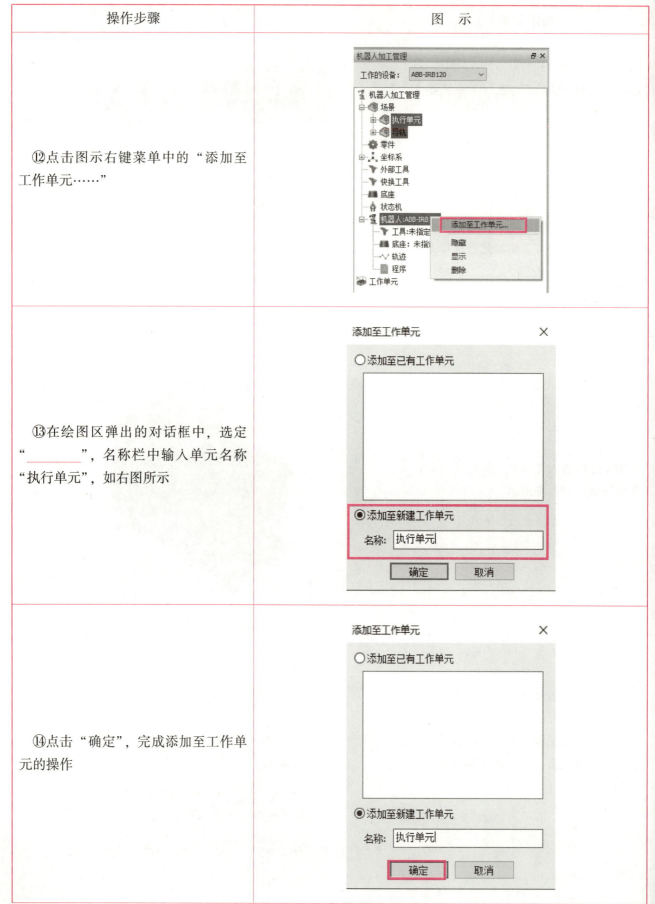

续表

操作步骤	图　示
⑮被选中的各元素被添加至执行单元中,组成一个工作单元,显示在机器人加工管理面板中的图示位置	
⑯参照执行单元场景的导入方法,完成图示视觉检测单元的场景模型文件的导入	
⑰视觉检测单元导入后为满足视觉检测装置(检测工位)的位置布局,可通过三维球对视觉检测单元位置进行移动。 首先,展开机器人加工管理面板的工程树的"_____",然后选中视觉检测单元的场景元素。点击鼠标右键,选择"_____名",如右图所示	
⑱绘图区弹出图示对话框,输入新的名称后点击确定完成重命名	

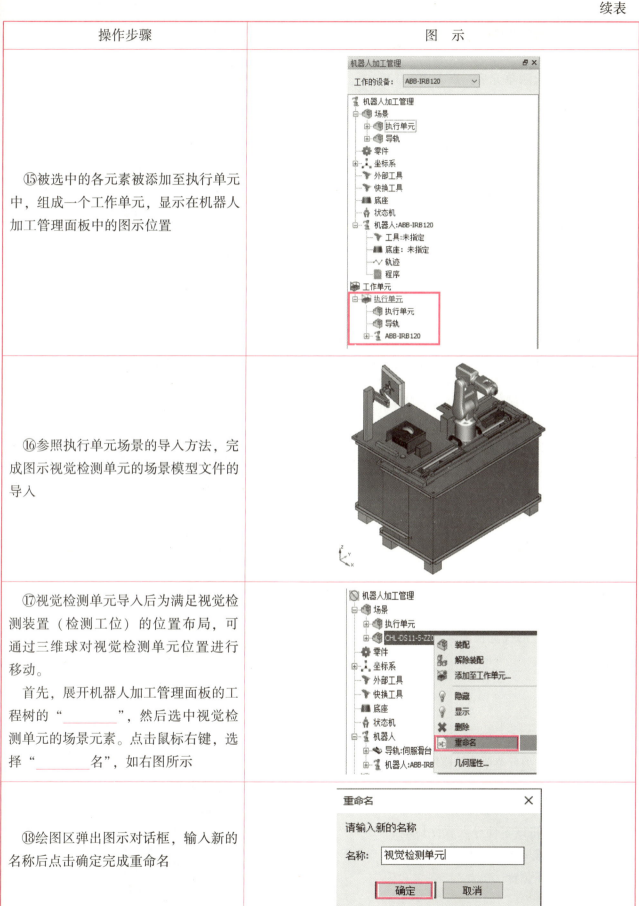

续表

操作步骤	图　示
⑲选中视觉检测单元后，点击图示"＿＿＿"	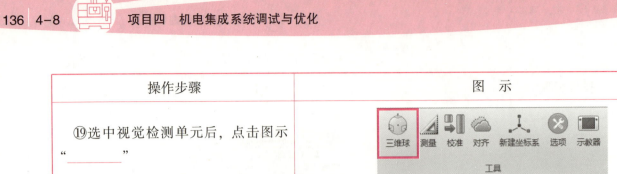
⑳绘图区中的视觉检测单元被选中，呈黄色，如右图所示	
㉑激活的三维球附着在仓储单元上（三维球与视觉检测单元处于关联状态，视觉检测单元可随三维球一起进行运动，如右图所示），此时可以操纵三维球来调整视觉检测单元的位置	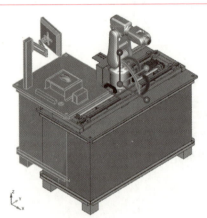
㉒拖动附着在视觉检测单元上的三维球，将其位置设定在图示位置后，开始视觉检测单元上的视觉检测装置（检测工位）的安装	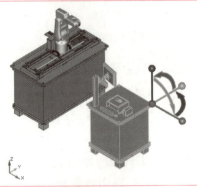
㉓点击机器人编程菜单功能模块下的"＿＿＿"，关闭三维球。然后在自定义菜单功能模块中，点击"导入零件"，将该零件导入软件环境中，并使用三维球功能将其摆放在视觉检测单元的图示位置	

续表

操作步骤	图　示
㉔视觉检测单元检测装置的安装需与实际安装位置一致,进行软件中检测装置安装前,需先进行实际安装尺寸的测量。 　针对案例视觉检测装置,有两种典型安装及测量方法,可以选择图示点位作为参考点,分别测量其与台面边界的距离,然后在软件中将检测装置的三维球移动至_____点,再进行安装	
㉕在实际设备以参考边为基准,最终测量得到视觉检测装置的安装尺寸,如右图所示。 　注意:安装尺寸建议在实际设备上进行测量,否则容易造成误差	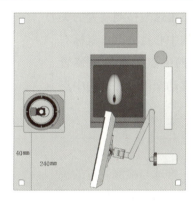
㉖这里选择的是以底边为参考的方式进行设备的安装,所以需将三维球移动到底边上。 　按空格取消三维球与检测装置的关联,选中三维球的中心点并点击鼠标右键。选择"到边的中点"将检测装置的三维球中心点移动至图示底边的_____点	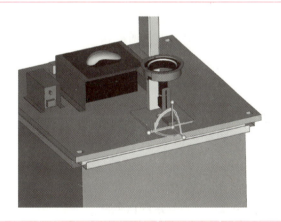
㉗按空格激活三维球与检测装置的关联,选中三维球的中心点并点击鼠标右键。选择"_____"后,鼠标点击当前底边测量时基准的台面边界所在的边	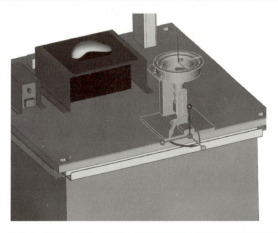

操作步骤	图　示
㉘为便于检测装置定向偏移，需确保检测装置三维球各轴方向与检测单元的参考面呈垂直或平行关系，若未满足需求关系，则需操作检测装置的三维球进行调整	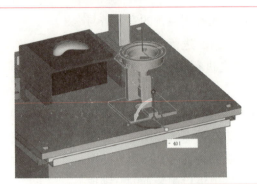
㉙按空格取消三维球与检测装置的关联，选中三维球的中心点并点击鼠标右键。选择"到边的中点"将检测装置的三维球中心点移动至图示底边的中点	
㉚按空格激活三维球与检测装置的关联，锁定三维球的 X 轴后点击三维球的中心点，调出右键菜单选择"_____点"后，鼠标点击当前底边测量时所用基准，即台面边界	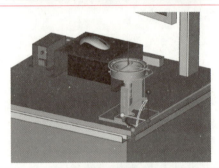
㉛根据安装关系和尺寸，需锁定 X 向移动轴，将检测装置沿 X 轴正向移动 240mm 的距离。 故选中三维球 X 向移动轴，往 X 轴正向移动一段距离后，在显示的白色框中输入"_____"并回车，完成安装面 B 的位置定位（如右图所示）	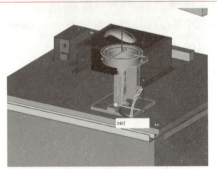
㉜完成图示检测装置的安装后，参照执行单元的创建工作单元的方法，将视觉检测单元场景文件与检测装置添加至名为"视觉检测单元"的工作单元中	

续表

（2）工作站搭建

以执行单元与视觉检测单元的拼接为例，详细介绍搭建工作站的方法，详细步骤见下表。

操作步骤	图　示
①在完成工作站各工艺单元的搭建后，根据现场布局要求进行工作站各单元（模块）间的拼接，从而完成工作站的搭建	
②根据视觉检测单元在工作站中的布局位置可知，将视觉检测单元三维球的中心点移动到图示位置，并将其作为装配基准点将更便于单元间的拼接	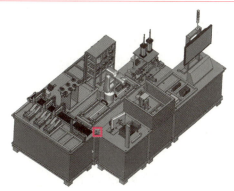
③下面进行视觉检测单元三维球位置的移动。 首先在工作单元下选中"＿＿＿＿＿"（绘图区域中与之对应工作站单元的各零部件将呈黄色），如右图所示	
④点击机器人编程菜单功能模块的"三维球"，激活视觉检测单元的三维球。 按空格取消三维球与视觉检测单元的关联（三维球呈灰色），然后将光标移动到三维球的中心点，点击鼠标左键选中中心点。然后点击鼠标右键，选择"＿＿＿＿点"（如右图所示）	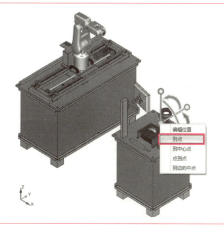

续表

操作步骤	图 示
⑤将光标移动至视觉检测单元装配基准点位置并点击鼠标左键，三维球的中心点将移动到该位置，如右图所示。 注意：取消关联状态下的三维球，可调整各移动轴与关联对象的对应关系	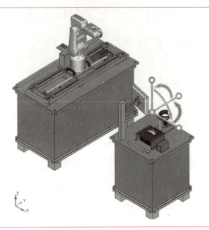
⑥完成视觉检测单元三维球的调整后，按_____激活三维球（呈彩色）。 根据真实环境布局操纵三维球，调整视觉检测单元的方位。 此处，选择视觉检测单元三维球的 Y 向移动轴后点击鼠标左键，选中 Y 向移动轴（被选中的坐标轴呈黄色）。 点击鼠标右键，在图示菜单项中选择"_____"	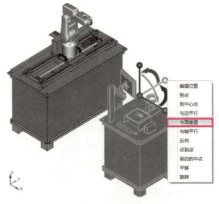
⑦移动光标选择执行单元处图示基准表面并点击鼠标左键，视觉检测单元调整至图示位置。 根据真实环境布局需求，分析可得需将视觉检测单元绕当前三维球的 Z 轴旋转_____°，方可满足与执行单元的配合需求	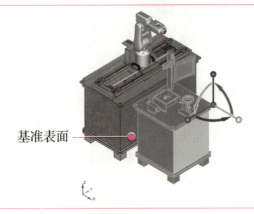 基准表面
⑧鼠标左键选中视觉检测单元三维球的_____向移动轴，然后点击鼠标右键，选择"旋转"，如右图所示	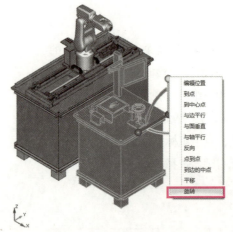

续表

操作步骤	图 示
⑨在绘图区弹出的对话框中，输入旋转角度并点击"确认"，如右图所示	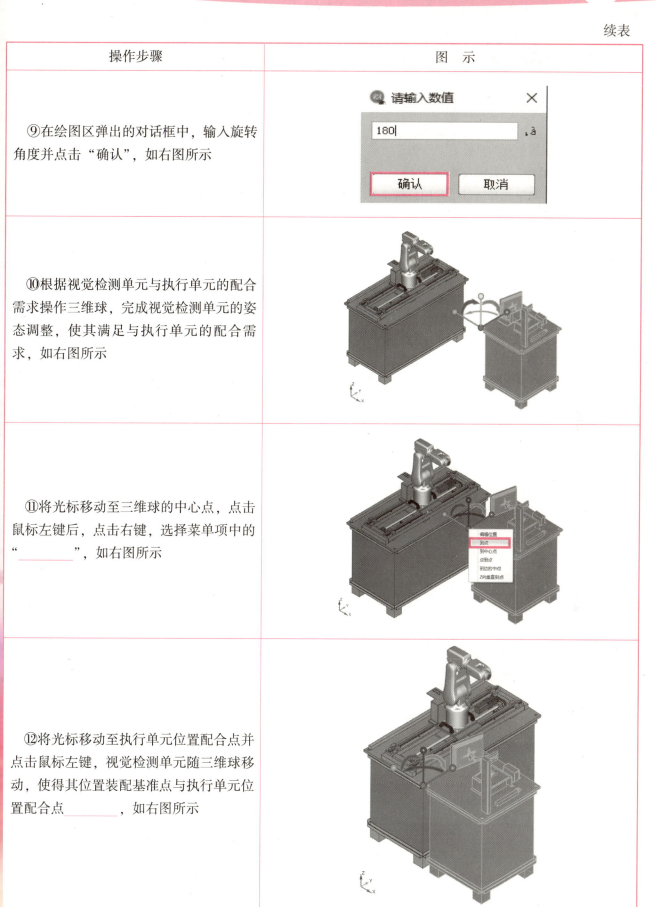
⑩根据视觉检测单元与执行单元的配合需求操作三维球，完成视觉检测单元的姿态调整，使其满足与执行单元的配合需求，如右图所示	
⑪将光标移动至三维球的中心点，点击鼠标左键后，点击右键，选择菜单项中的"_____"，如右图所示	
⑫将光标移动至执行单元位置配合点并点击鼠标左键，视觉检测单元随三维球移动，使得其位置装配基准点与执行单元位置配合点_____，如右图所示	

操作步骤	图示
⑬完成视觉检测单元的拼接后，点击工具栏中的"三维球"，关闭（取消激活）三维球。视觉检测单元和执行单元的位置装配关系，如右图所示	
⑭参照布置（拼接）执行单元和视觉检测单元位置的方法和步骤，完成整个图示工作站的搭建	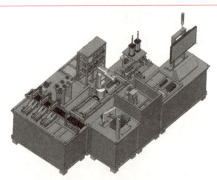

4.1.2 工作站离线仿真与轨迹优化

任务实施

1. 工具 TCP 校准

在虚拟仿真环境中进行工业机器人程序的离线仿真和轨迹优化前，需根据实际（真机）环境中所用的工业机器人系统参数（例如 TCP 数据），在虚拟（设计）环境中进行相应的设置，使虚拟环境与实际环境相匹配。

通过在离线仿真环境中工具 TCP 的校准，将实现虚拟环境中工业机器人程序中所用的 TCP 数据与实际环境中工业机器人所用参数保持一致，可以使得虚拟环境中工业机器人所到达的轨迹点与实际环境中所到达的轨迹点位置保值一致。校准工具 TCP 的具体方法和步骤见下表。

操作步骤	图示
①图示为在软件虚拟环境下完成搭建的工业机器人集成系统，需要进行工具 TCP 校准的所用工具也已经完成导入	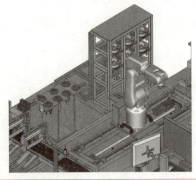

续表

操作步骤	图 示
②以图示中的工具（tool3）为例，详细讲解校准工具 TCP 的方法	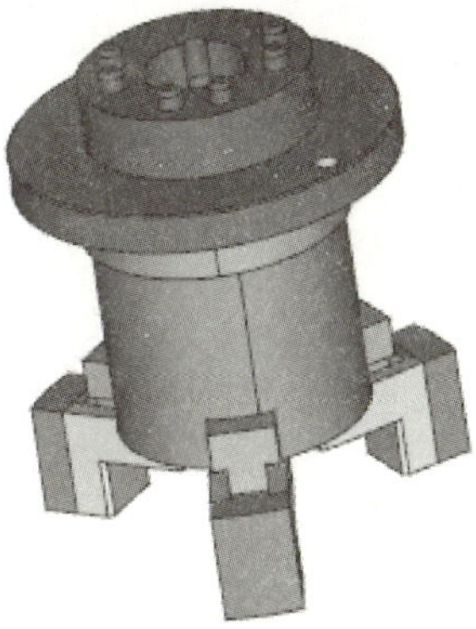 快换装置自定义
③选中虚拟环境中要校准 TCP 的工具（选中后的工具呈黄色），点击鼠标右键并选择"＿＿＿＿＿＿"。 安装（生成轨迹）：安装工具，同时生成轨迹（一种动作）。 安装（改变状态-无轨迹）：安装工具，但不生成轨迹（一种状态）	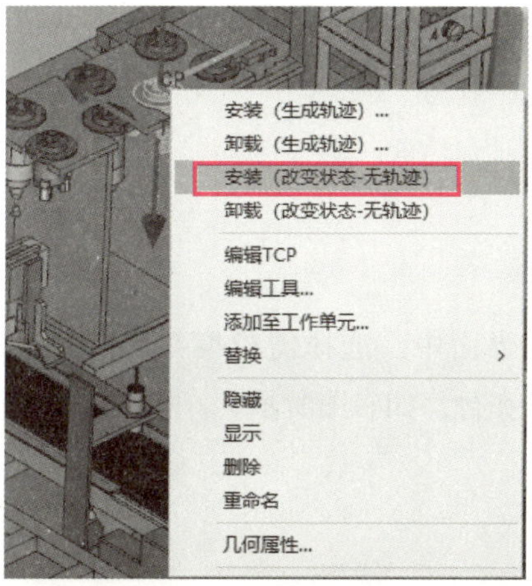
④需校准 TCP 的工具已安装至工业机器人末端，如右图所示	
⑤将需校准 TCP 的工具安装在工业机器人末端后，在＿＿＿＿＿＿下，选择机器人（例如 IRB120）下的"工具"，并点击鼠标右键	

续表

操作步骤	图　示
⑥选择"TCP 设置",进行工具 TCP 的校准	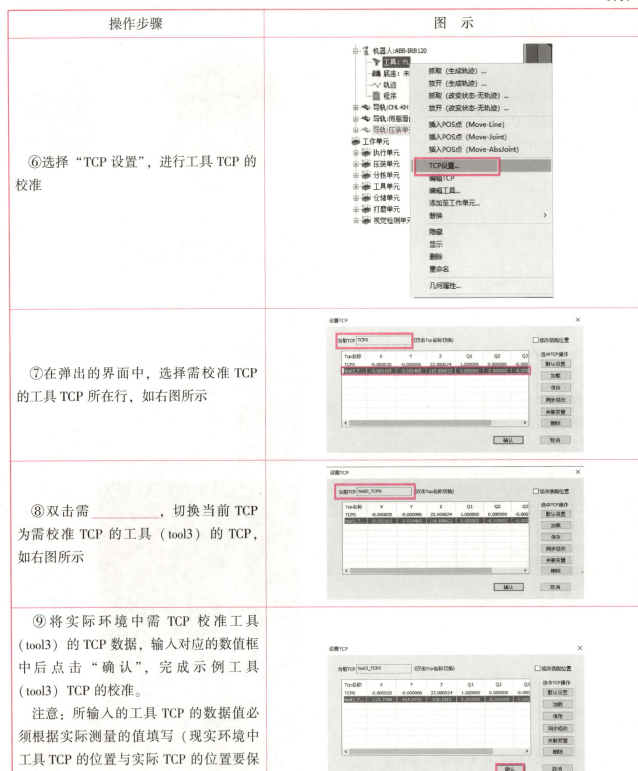
⑦在弹出的界面中,选择需校准 TCP 的工具 TCP 所在行,如右图所示	
⑧双击需_____,切换当前 TCP 为需校准 TCP 的工具(tool3)的 TCP,如右图所示	
⑨将实际环境中需 TCP 校准工具(tool3)的 TCP 数据,输入对应的数值框中后点击"确认",完成示例工具(tool3)TCP 的校准。 注意:所输入的工具 TCP 的数据值必须根据实际测量的值填写(现实环境中工具 TCP 的位置与实际 TCP 的位置要保持一致,如不一致需对 TCP 重新定义),否则会导致误差	

2. 工业机器人运动轨迹离线仿真

工业机器人运动轨迹的离线仿真是指按照真实环境中工业机器人的运动轨迹进行模拟仿真,通常可在离线软件中根据工艺应用需求完成工作站的布局后进行模拟。

(1) 工业机器人与伺服滑台联动

案例工作站执行单元的工业机器人配备了伺服滑台（导轨机构）实现工作空间的扩展，在 PQArt 中完成工作站场景文件的定义与工作站的搭建后，可通过将工业机器人与伺服滑台关联起来，即可实现工业机器人与伺服滑台的联动，具体的操作方法和步骤见下表。

操作步骤	图　　示
①在 PQArt 中打开工作站文件，如右图所示	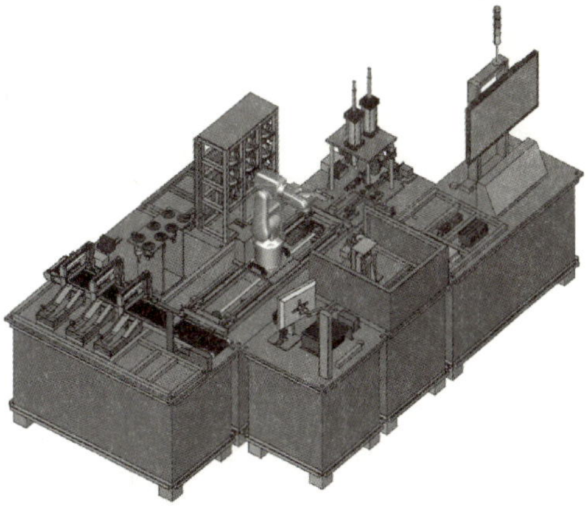
②在机器人管理面板中的机器人类别下，选择"_____"，如右图所示	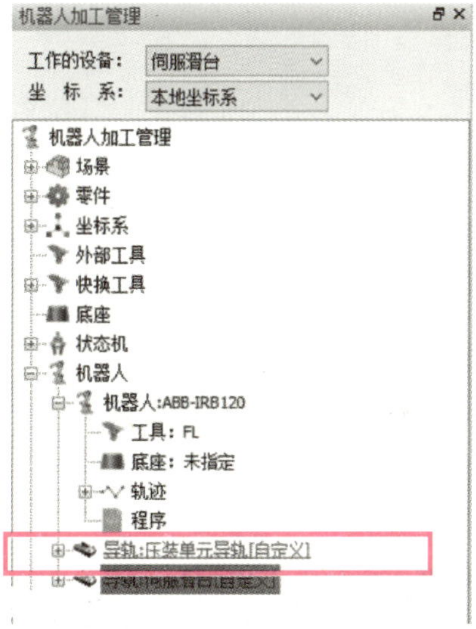
③点击鼠标右键，调出图示菜单项，并选择"_____"。 抓取（生成轨迹）：抓取零件，同时生成轨迹（一种动作）。 抓取（改变状态-无轨迹）：抓取零件但不生成轨迹（一种状态）	

续表

操作步骤	图 示
④在弹出的图示对话框中选择"ABB-IRB120",并点击"_____"	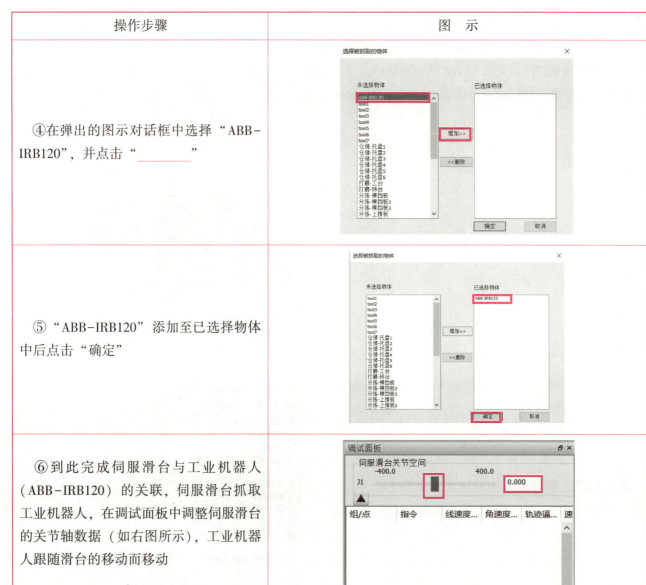
⑤"ABB-IRB120"添加至已选择物体中后点击"确定"	
⑥到此完成伺服滑台与工业机器人(ABB-IRB120)的关联,伺服滑台抓取工业机器人,在调试面板中调整伺服滑台的关节轴数据(如右图所示),工业机器人跟随滑台的移动而移动	

（2）工业机器人离线轨迹模拟

以案例工作站中工业机器人在工具单元安装吸盘工具的离线轨迹为例，介绍模拟工业机器人离线轨迹的方法，具体的操作方法和步骤见下表。

操作步骤	图 示
①在 PQArt 中打开工作站文件,如右图所示	

续表

操作步骤	图　示
②案例将实现机器人运动至工具单元，安装工具架上图示 1 号位的吸盘工具后回至安全点	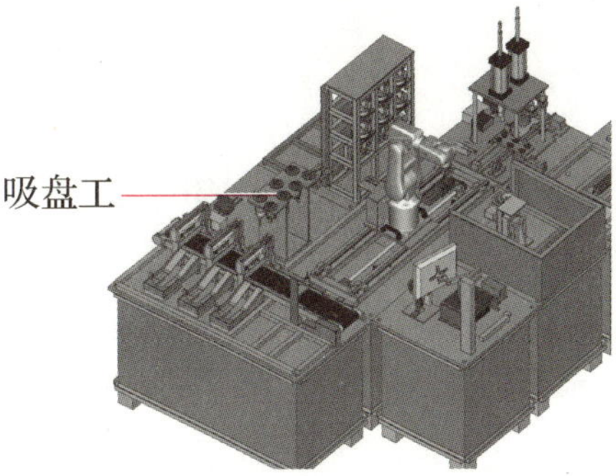 吸盘工
③在项目树下选择伺服滑台（导轨）后，在调试面板中，拖动图示滑块（或直接输入相应数值），将工业机器人移动至工具单元	 调试面板 伺服滑台关节空间 -400.0　　　　400.0 J1　　　　　　　　　　380.000
④工业机器人移动至工具单元的位置，如右图所示。 现在开始工业机器人装载吸盘工具运动轨迹的离线仿真	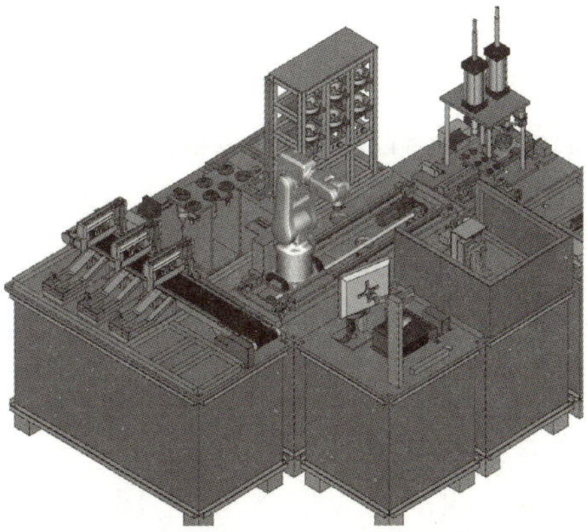
⑤选中工业机器人后，点击鼠标右键调出图示菜单项，选择"插入 POS 点（Move-AbsJoint）"，工业机器人当前位置信息被记录在该 POS 点中。 插入 POS 点（Move-Line）：插入线性运动（MoveL）的轨迹点； 插入 POS 点（Move-Joint）插入关节运动（MoveJ）的轨迹点； 插入 POS 点（Move-AbsJoint）：插入绝对轴运动（MoveAbsJ）的轨迹点	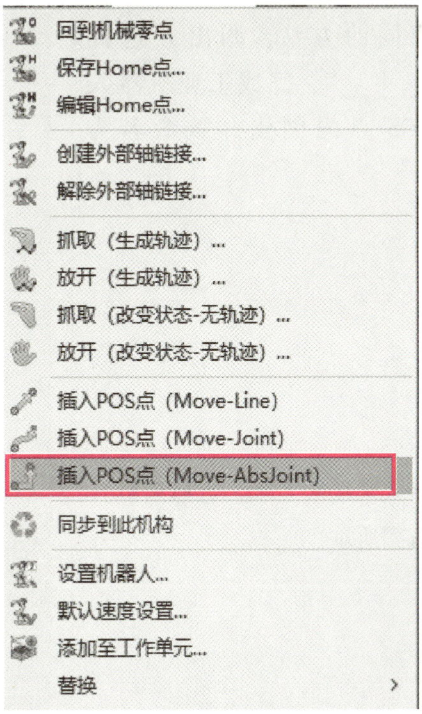 回到机械零点 保存Home点… 编辑Home点… 创建外部轴链接… 解除外部轴链接… 抓取（生成轨迹）… 放开（生成轨迹）… 抓取（改变状态-无轨迹）… 放开（改变状态-无轨迹）… 插入POS点（Move-Line） 插入POS点（Move-Joint） 插入POS点（Move-AbsJoint） 同步到此机构 设置机器人… 默认速度设置… 添加至工作单元… 替换

续表

操作步骤	图　示
⑥插入的 POS 点会在机器人—ABB-IRB120 的轨迹下，可通过点击鼠标右键对点进行重命名。 　如右图所示，POS 点被重命名为"Home"	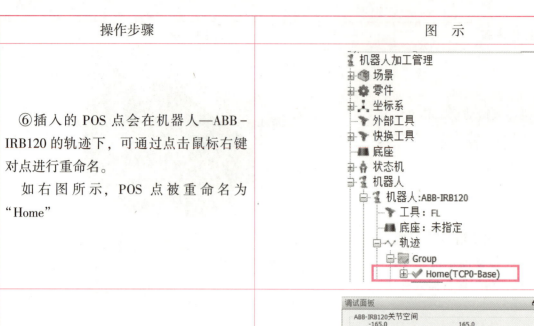
⑦在调试面板的对应输入框中直接输入图示数值数据并回车	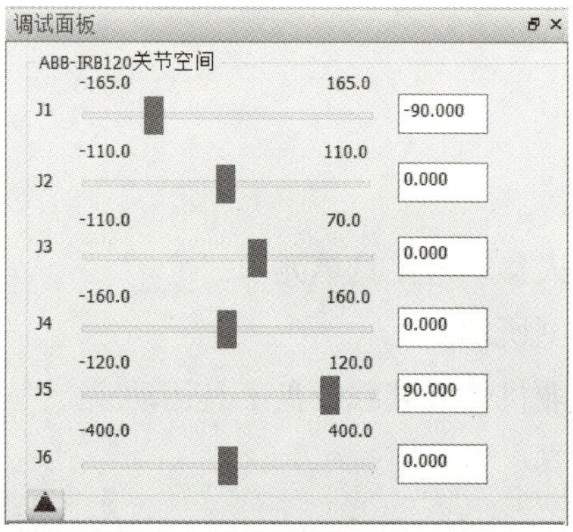 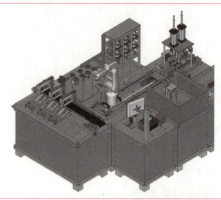
⑧采用相同的方法，调出并选择"_____"，完成工业机器人当前姿态 POS 点的创建并重命名为"HomeLeft"	
⑨选中机器人末端法兰工具，然后打开三维球，如右图所示	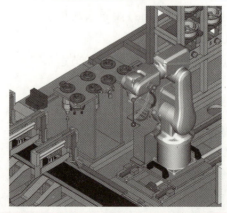

续表

操作步骤	图示
⑩操作三位球,将工业机器人姿态调整至近工具单元的位置(如右图所示),并插入名为"Area0600R"的_____类型的 POS 点	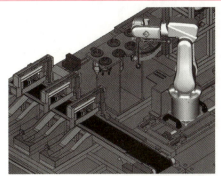
⑪然后再操作三维球,使得法兰 TCP 与吸盘工具安装面的中心点重合,如右图所示	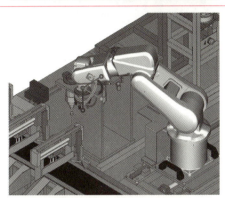
⑫关闭三维球,在机器人法兰工具被选中的状态下点击鼠标右键,调出图示菜单项选择"抓取(生成轨迹)"	
⑬将"tool1"(即吸盘工具)增加至已选择物体中并确定	

续表

操作步骤	图　示
⑭弹出图示偏移设定界面，可进行工具抓取出入刀偏移量的设定，完成设置后点击"确定"。 　　如右图所示，设定抓取工具入刀偏移量为＿＿mm，出刀偏移量为＿＿mm。 　　入刀偏移量：工业机器人将从抓取点上方100mm处沿Z轴向下运动到抓取点抓取工具； 　　出刀偏移量：抓取工具沿Z轴向上抬起10mm	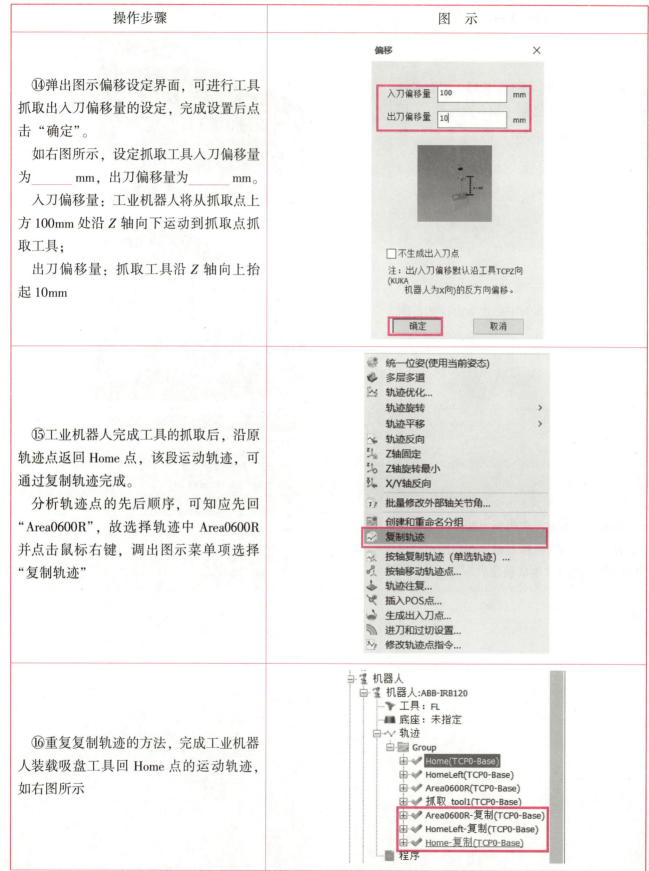
⑮工业机器人完成工具的抓取后，沿原轨迹点返回Home点，该段运动轨迹，可通过复制轨迹完成。 　　分析轨迹点的先后顺序，可知应先回"Area0600R"，故选择轨迹中Area0600R并点击鼠标右键，调出图示菜单项选择"复制轨迹"	
⑯重复复制轨迹的方法，完成工业机器人装载吸盘工具回Home点的运动轨迹，如右图所示	

续表

操作步骤	图　示
⑰完成工业机器人运动轨迹的示教后，可点击图示编译按钮，对运动轨迹进行编译。 编译结果会在软件界面右侧的输出面板中显示	
⑱编译通过的工业机器人运动轨迹，可点击图示＿＿＿＿进行仿真	
⑲点击图示按钮开始仿真，绘图区中的工业机器人开始动作，完成运动轨迹的模拟仿真	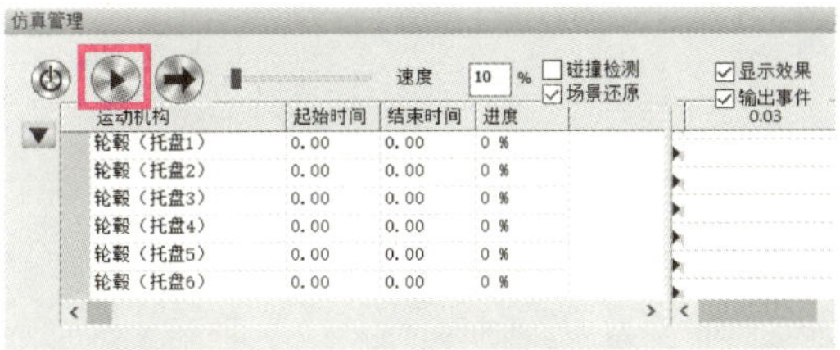
⑳仿真过程中，还可在仿真管理面板的图示位置调整仿真速度，设定合适的仿真速度，便于观察工业机器人的运动情况	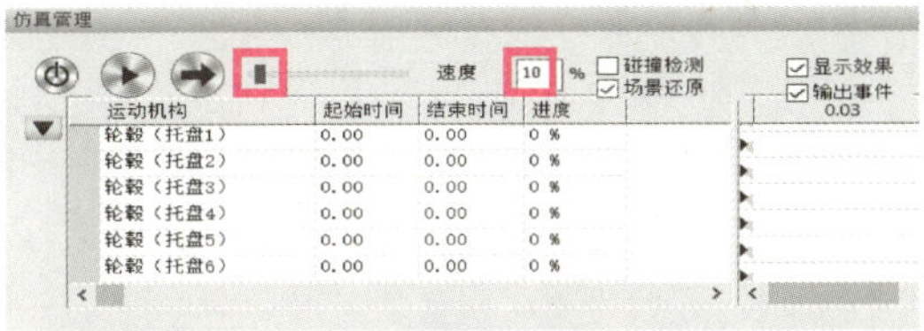
㉑仿真时还可勾选图示复选框，进行碰撞检测的仿真	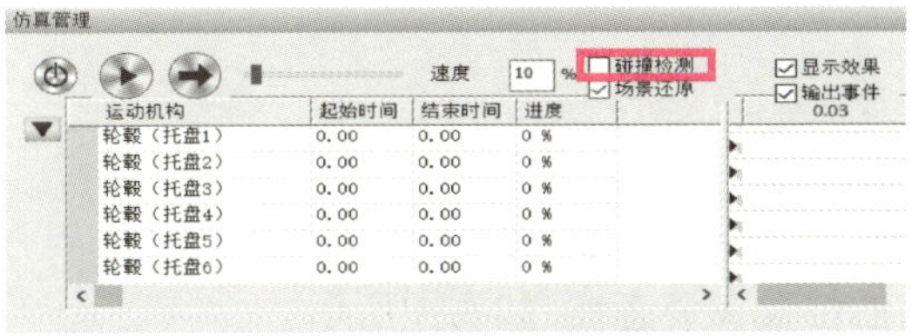

3. 工业机器人运动轨迹优化

按照工艺任务需求编写完成的工业机器人运动轨迹，在实际运行时出现可能会出现＿＿＿＿点、＿＿＿＿点、＿＿＿＿点和＿＿＿＿等问题，建议先在离线编程软件中针对这些问题进行运动轨迹的优化。工业机器人运动轨迹的优化方法，具体的操作方法和步骤见下表。

续表

操作步骤	图　示
一、优化不可达点	
①工业机器人装载吸盘工具的运动轨迹在编译后，将显示编译结果，可能会出现图示点位不可达问题。 　初步分析为安装工具时，设定的出/入刀偏移量数值过大，导致不可达	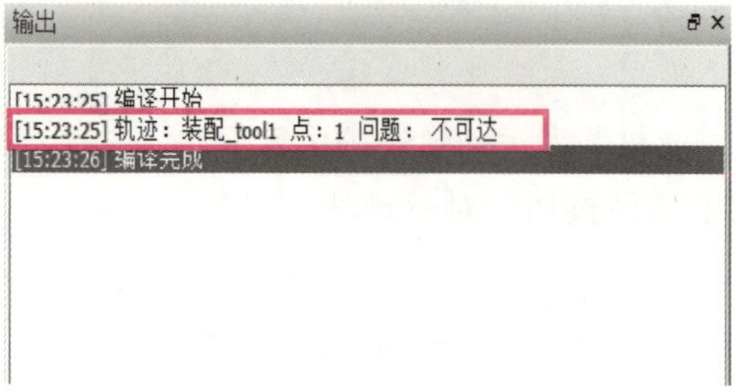
②在机器人管理面板下找到"轨迹：装配tool1"，在控制面板中选择不可达的轨迹点："点1"（如右图所示）	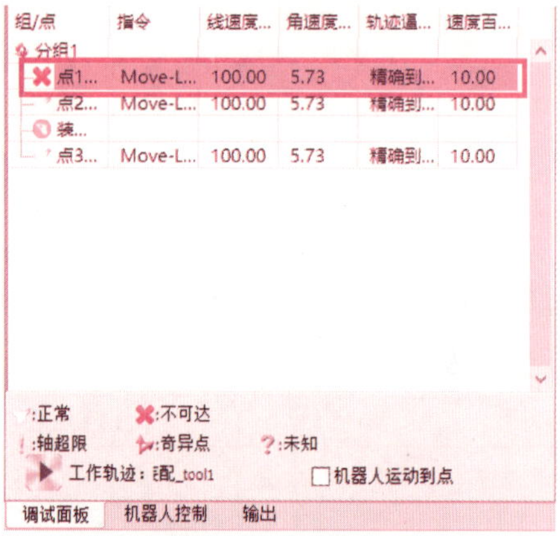
③点击鼠标右键选择"＿＿＿＿"，如右图所示	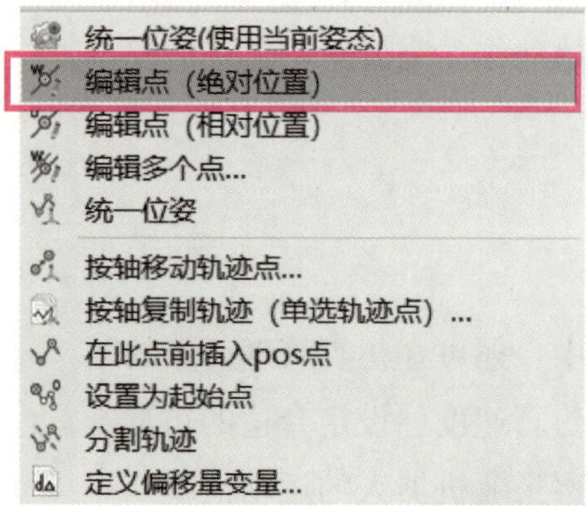
④在绘图区对应轨迹点的位置将显示三维球并附着于该轨迹点上，操作三维球改变轨迹点的位置（姿态），如右图所示	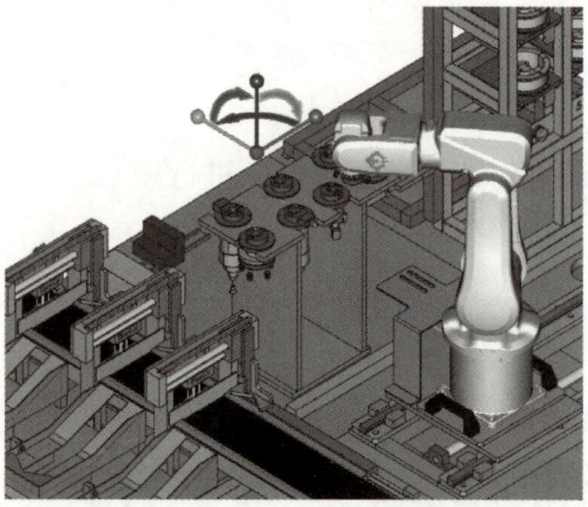

续表

操作步骤	图　示
⑤轨迹点的三维球位置（姿态）改变后，工业机器人的 TCP 会跟随到轨迹点三维球中心点所在的位置，即表明该点位置机器人可达，关闭三维球，完成该不可达点的优化。 注意：调整轨迹点的三维球位置和姿态后，被选中的轨迹点的数据会自动更新	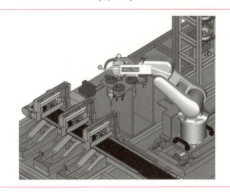
二、优化碰撞点	 工业机器人运动轨迹优化
①在对工业机器人运动轨迹进行仿真时，可选择开启＿＿＿＿，如机器人在运行过程发生碰撞，输出面板将出现图示提示。 如右图所示的输出消息表示工作站中的零件"NAUO18"（工具架）与"tool1"（吸盘工具）发生碰撞	
②分析可知为工业机器人在完成吸盘工具（tool1）安装后，往下一轨迹点运动时与工具架（NAUO18）发生碰撞，如右图所示	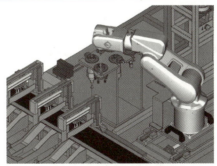
③故需在完成吸盘工具装载的轨迹点后添加合适空间位置的轨迹点，避免与工具架的碰撞，如右图所示	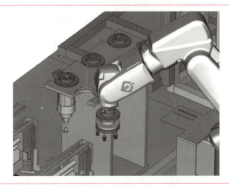

续表

操作步骤	图　示
三、优化奇异点和轴超限	
④工业机器人运动轨迹中出现奇异点和轴超限问题时，可通过"_____"进行优化	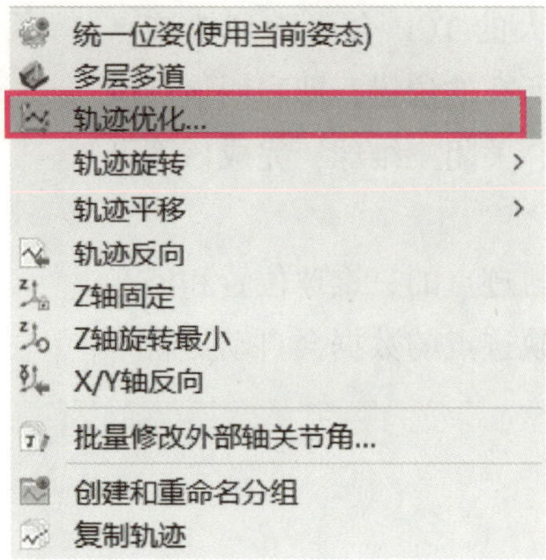 统一位姿(使用当前姿态) 多层多道 **轨迹优化…** 轨迹旋转 轨迹平移 轨迹反向 Z轴固定 Z轴旋转最小 X/Y轴反向 批量修改外部轴关节角… 创建和重命名分组 复制轨迹
⑤在图示位置的复选框，可进行所需优化轨迹问题的选择。 _____点显示为奇异点；_____点为轴超限点；红色点为不可达点	（轨迹优化界面图示）
⑥完成轨迹问题优化选项的设定后，点击轨迹优化界面的"_____"，可计算分析运动轨迹中的奇异点、不可达点和轴超限	（轨迹优化界面图示）
⑦如右图所示为某轨迹完成计算后的轨迹优化界面，结果显示轨迹存在轴超限的点。故需将蓝线拖动到远离黄色区域的空白区（机器人工作的最优区），实现轨迹姿态的调整达到轨迹优化的目的	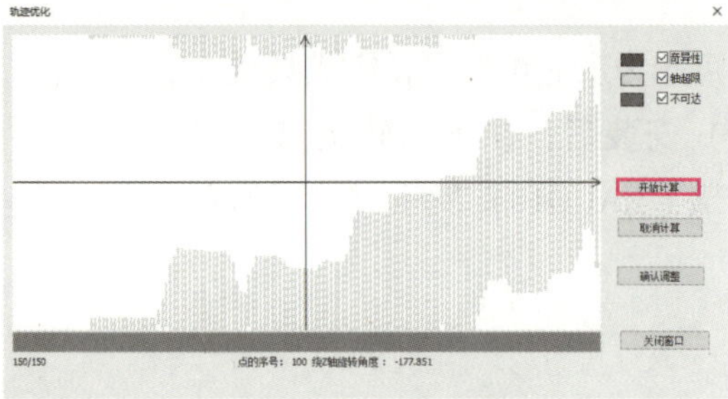 （轨迹优化界面图示）
⑧点击_____，蓝线上会显示的四个调整点，对调整点进行拖动，使得蓝线离开黄色区域从而调整机器人轨迹点的姿态，如右图所示。 在将蓝线拖移出黄色区域后，点击"_____"确认优化无误后，点击"_____"并点击"关闭窗口"，即可完成轨迹中奇异点和轴超限的优化	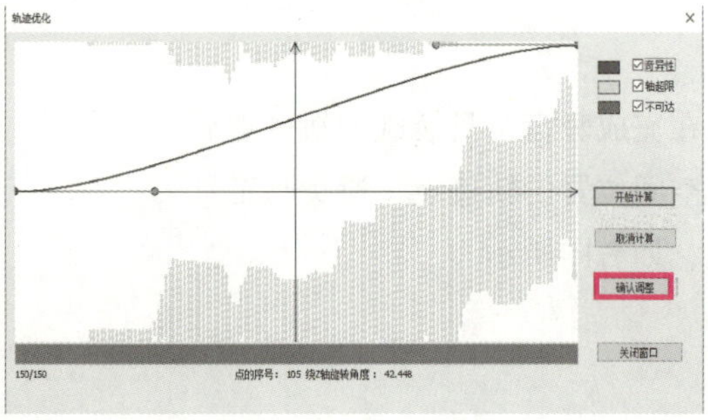 （轨迹优化界面图示）

续表

操作步骤	图　示
⑨选中右击蓝线，可根据需求选择增加/删除调整点，如右图所示。调整点用于调整蓝线的位置和姿态，使其离开黄色区域。 注意：增加和删除的只是蓝线的调整点，而非轨迹点	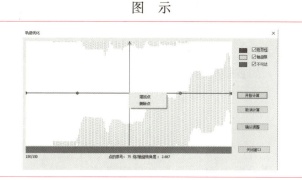

4. 案例工艺流程虚拟仿真

工作站的工艺流程中，除了工业机器人的运动轨迹外，还包括工具、零件、状态机和导轨的状态和轨迹的变化。在PQArt中实现工艺流程的虚拟仿真，须在机器人相应轨迹点上添加仿真事件实现流程中工业机器人与周边设备的互动事件，从而实现整个工艺流程的仿真。例如状态机和导轨的状态变化，需先通过添加相应的自定义事件并在合适的轨迹点上通过添加仿真事件调用对应的自定义事件，实现状态机和导轨的状态变化事件的仿真。

（1）自定义事件添加

PQArt中可通过添加自定义事件来实现虚拟仿真的工艺流程中涉及的周边设备的动作仿真事件，例如状态机状态变化的仿真事件。实现状态机状态变化的仿真是通过以下方法实现：自定义机构的不同状态（即状态机的自定义），然后根据状态机不同的状态添加对应的自定义事件，最后在相应轨迹点上添加仿真事件、选择状态机相应状态的自定义事件实现状态变化的仿真。

以搬运轮毂工艺流程中，托盘伸出（缩回）为例，详细介绍自定义事件的添加方法。具体的操作方法和步骤见下表。

操作步骤	图　示
一、自定义事件的录入	
①仓储单元的托盘为自定义状态机，状态机"托盘1"包含两种状态，如右图所示	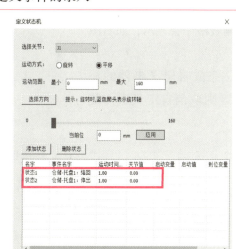 状态机自定义

续表

操作步骤	图　示
②点击机器人编程菜单栏的"_____"，如右图所示	
③在工艺设置界面，点击"自定义事件模板"切换至图示界面	
④在模板名字选项中输入状态机事件名字，在模板内容选项中输入自定义事件后置时应生成的信息	
⑤添加托盘1缩回的自定义事件，模板名字输入"仓储-托盘1：缩回"，模板内容输入"_____"，点击"_____"，如右图所示	
⑥录入后在右侧表格中会显示，如右图所示。 点击"确定"，完成自定义事件的添加；点击"取消"则取消自定义事件的添加	
二、从文件读取自定义事件	
①自定义事件的添加还可通过"_____"进行导入添加。 注意：需为与工作站匹配的自定义事件文件，该文件由"保存到文件"导出所得	

续表

操作步骤	图示
②在电脑文件中浏览，找到自定义事件文件（.robdef），后点击"打开"。如右图所示，导入 KH11 的自定义事件文件	
③自定义事件导入工艺设置中，如右图所示。点击"确定"完成自定义事件的添加（导入）。注意：点击"取消"即取消操作，会导致自定义事件添加失败	
④添加后的自定义事件，可通过添加仿真事件进行调用，实现自定义事件的仿真动作。在类型下选择"＿＿＿"，然后模板名字的下拉列表中选择所需的自定义事件（如右图所示为"仓储-托盘1：伸出"）后点击确认完成自定义事件的调用	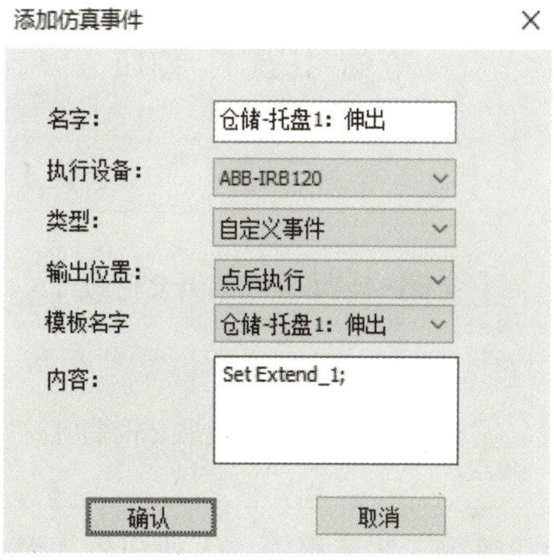

（2）仿真事件添加

在工业机器人工艺流程中，机器人的程序中会涉及不同 I/O 指令实现的事件，例如使用 I/O 控制指令实现伺服滑台位置的控制，这类事件统称为 I/O 事件，在 PQArt 中是通过添加仿真事件实现这类 I/O 事件仿真的。案例流程规划添加的仿真事件的功能说明见下表。

仿真事件类型	示例事件名称	案例功能说明
工业机器人与伺服滑台事件组 1		
发送事件	［ABB-IRB120］发送：0	用于告知伺服滑台，工业机器人已经运动到位
等待事件	等待［ABB-IRB120］发送：0	用于伺服滑台等待工业机器人发送信号，触发运动到工具单元处
工业机器人与伺服滑台事件组 2		
发送事件	［伺服滑台］发送：1	用于发送伺服滑台运动到工具单元处的到位信号
等待事件	等待［伺服滑台］发送：1	用于工业机器人等待伺服滑台运动到工具单元处的到位信号

续表

仿真事件类型	示例事件名称	案例功能说明
工业机器人与伺服滑台事件组 3		
发送事件	［ABB-IRB120］发送：1	工业机器人告知并触发伺服滑台移动至仓储单元位置
等待事件	等待［ABB-IRB120］发送：1	用于伺服滑台等待工业机器人发送信号，触发运动到工具单元处
工业机器人与伺服滑台事件组 4		
发送事件	［伺服滑台］发送：0	用于发送伺服滑台运动到仓储单元处的到位信号
等待事件	等待［伺服滑台］发送：0	用于工业机器人等待伺服滑台运动到仓储单元处的到位信号
仓储单元自定义事件		
自定义事件	仓储-托盘 1：伸出	用于触发仓储单元 1 号仓位托盘 1（状态机）的伸出状态（动作）
	仓储-托盘 1：缩回	用于触发仓储单元 1 号仓位托盘 1（状态机）的缩回状态（动作）
仓位 1 轮毂放开与抓取		
放开事件	［仓储-托盘 1］放开<轮毂 1>	用于仿真托盘 1 放开轮毂 1 的状态，实现轮毂 1 不跟随托盘 1 进行弹出和缩回动作
抓取事件	［仓储-托盘 1］抓取<轮毂 1>	用于仿真托盘 1 抓取轮毂 1 的状态，实现轮毂 1 跟随托盘 1 进行弹出和缩回动作

下面以轮毂搬运工艺流程中，工业机器人装载吸盘工具移动至仓储单元完成轮毂抓取的流程为案例，讲解添加 I/O 仿真事件的方法，步骤见下表。

操作步骤	图示
①工业机器人和伺服滑台实现案例功能的位置和轨迹，如右图所示	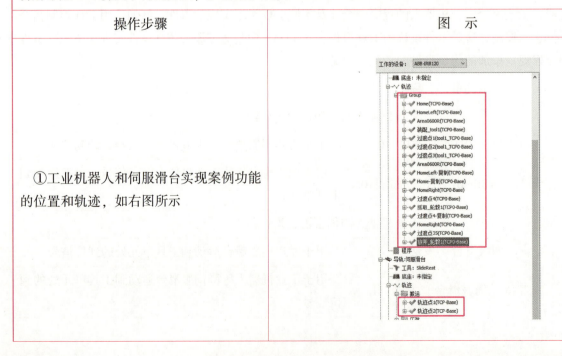

续表

操作步骤	图 示
②工业机器人进行吸盘工具装载前，需先随伺服滑台运动至工具单元处，待运动至工具单元后，工业机器人从 Home 点出发，进行工具的装载。所以需在 Home 点添加仿真事件，告知并触发伺服滑台抓取工业机器人状态下运动至工具单元。 在调试面板中选中 Home 点并点击鼠标右键，调出图示菜单项，选择"＿＿＿＿＿"	
③在添加仿真事件界面，填写图示信息，完成发送信号仿真事件的添加。工业机器人处于 Home 点后执行该发送仿真事件	
④完成发送（仿真）事件的添加显示如右图所示	
⑤轨迹点上添加的仿真事件会显示在该轨迹点的工艺新信息下，如右图所示	

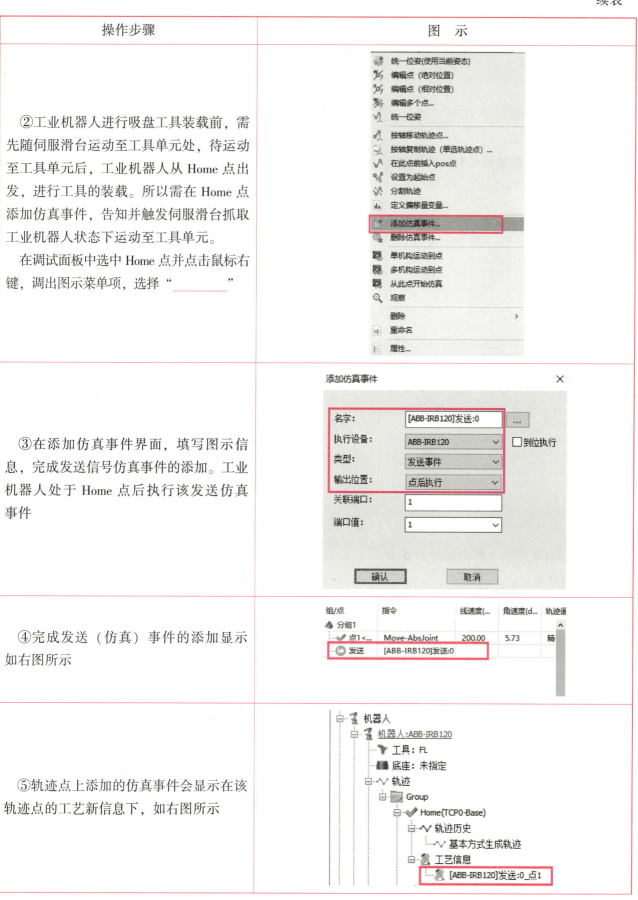

续表

操作步骤	图 示
⑥伺服滑台需等到"＿＿＿＿＿"后，运动至工具单元。故需在伺服滑台的轨迹点1添加图示伺服滑台等待事件	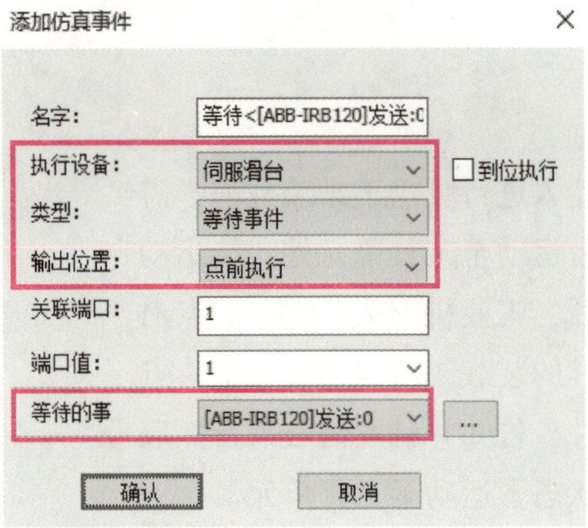 添加仿真事件 名字：　等待<[ABB-IRB120]发送:0 执行设备：　伺服滑台　　□到位执行 类型：　等待事件 输出位置：　点前执行 关联端口：　1 端口值：　1 等待的事：　[ABB-IRB120]发送:0 确认　　取消
⑦伺服滑台运动到轨迹点1后，发送信号告知机器人已经到达轨迹点1。故在伺服滑台轨迹点1，添加图示发送事件（[伺服滑台]发送：1）	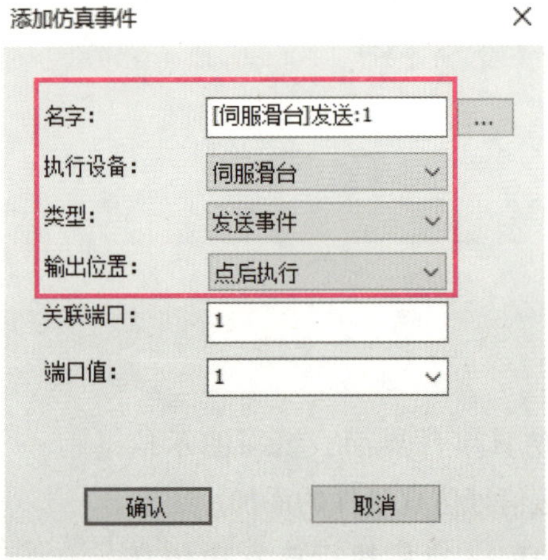 添加仿真事件 名字：　[伺服滑台]发送:1 执行设备：　伺服滑台 类型：　发送事件 输出位置：　点后执行 关联端口：　1 端口值：　1 确认　　取消
⑧伺服滑台轨迹点1所添加的仿真事件，如右图所示	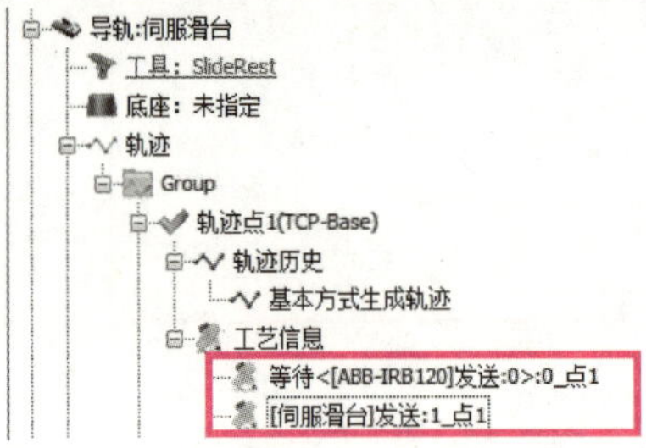 导轨:伺服滑台 　工具：SlideRest 　底座：未指定 　轨迹 　　Group 　　　轨迹点1(TCP-Base) 　　　　轨迹历史 　　　　　基本方式生成轨迹 　　　　工艺信息 　　　　　等待<[ABB-IRB120]发送:0>:0_点1 　　　　　[伺服滑台]发送:1_点1
⑨工业机器人在Home点等候伺服滑台移动到轨迹点1后，进行工具的装载。故需在装载工具前的Home点处添加等待事件，等待"＿＿＿＿＿"	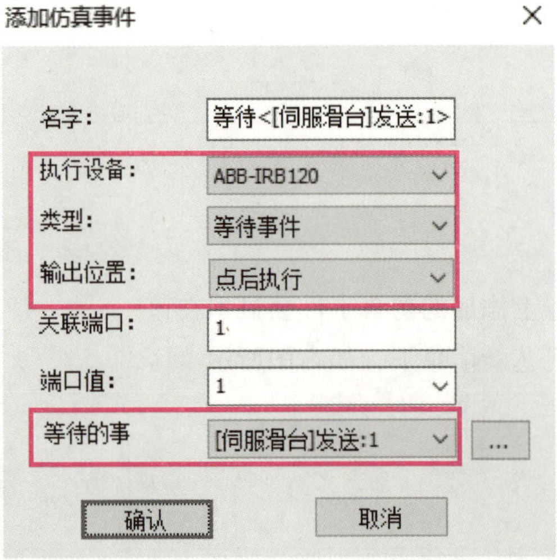 添加仿真事件 名字：　等待<[伺服滑台]发送:1> 执行设备：　ABB-IRB120 类型：　等待事件 输出位置：　点后执行 关联端口：　1 端口值：　1 等待的事：　[伺服滑台]发送:1 确认　　取消

续表

操作步骤	图　示
⑩工业机器人在 Home 点姿态下等待装载工具前，所添加的仿真事件，如右图所示	
⑪工业机器人完成吸盘工具的装载后，需告知并触发伺服滑台移动至仓储单元位置。 在机器人完成工具装载回到 Home 点的轨迹点处添加发送事件，如右图所示	
⑫伺服滑台应在接收到 ABB 机器人发送的"［ABB-120］发送 1"后，随导轨运动到轨迹点 2。 故在伺服滑台轨迹点 2 处添加仿真事件，输出位置为点前执行，具体如右图所示，从而实现工业机器人完成吸盘工具装载后移动至仓储单元。 参照伺服滑台轨迹点 1 添加仿真事件的信息，完成伺服滑台轨迹点 2 的等待事件的添加	

续表

操作步骤	图　　示
⑬滑台运动到轨迹点2后，执行图示_____	
⑭伺服滑台轨迹点2处所添加的仿真事件，如右图所示	
⑮工业机器人在开始轮毂的抓取前需确认伺服滑台已运动到轨迹点2，故在抓取轮毂轨迹的起始点（HomeRight）添加图示等待事件	
⑯仓储单元托盘推出轮毂是由托盘1（状态机）抓取轮毂1（零件）后通过自定义事件实现的，故在托盘1伸出前应先添加抓取事件，使得托盘1抓取轮毂1。在HomeRight点添加图示抓取事件	

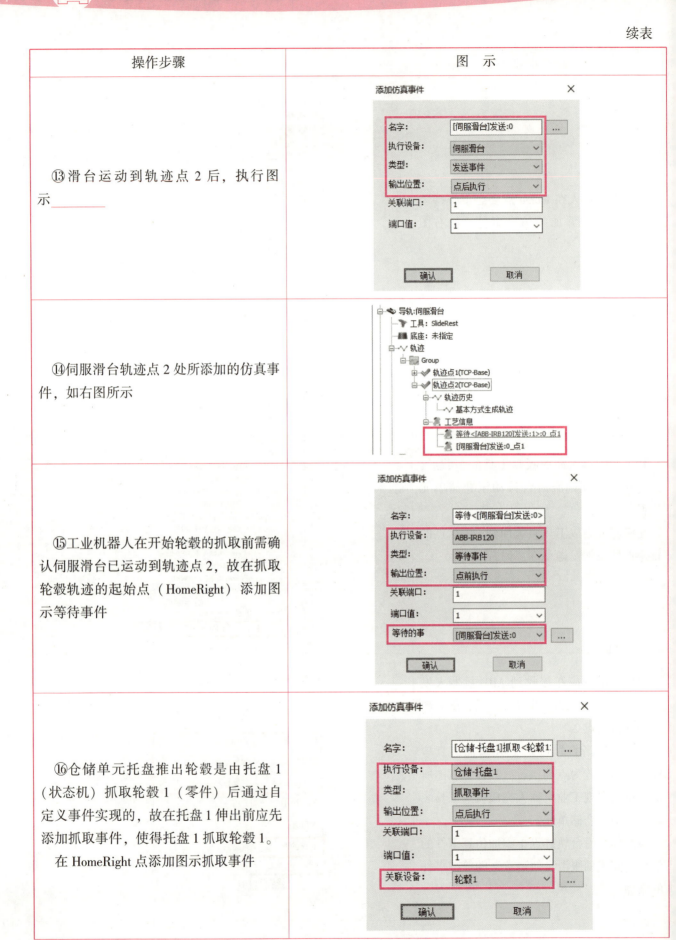

续表

操作步骤	图示
⑰工业机器人在仓储单元抓取轮毂前的 HomeRight 点处所添加的仿真事件如右图所示	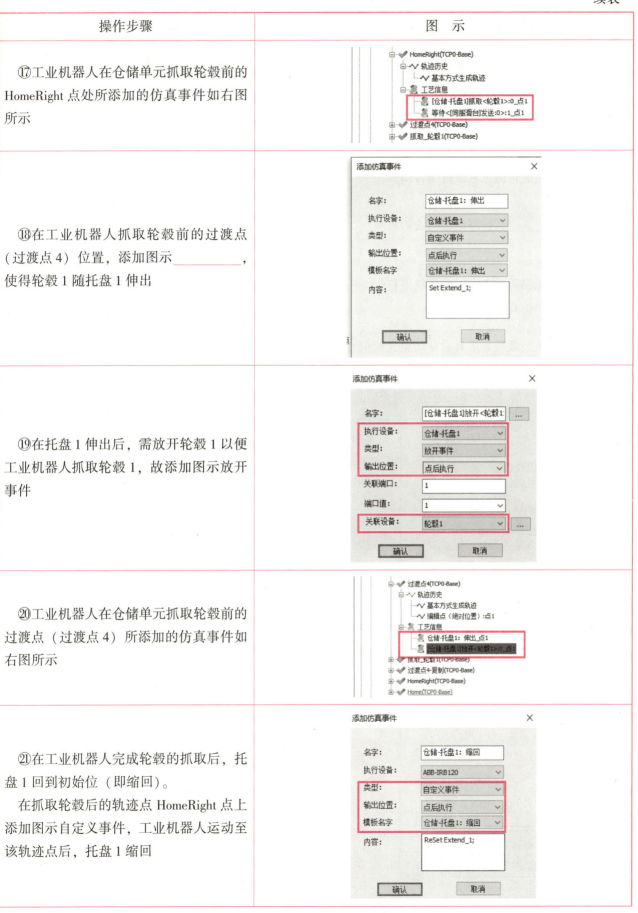
⑱在工业机器人抓取轮毂前的过渡点（过渡点4）位置，添加图示 _____，使得轮毂1随托盘1伸出	
⑲在托盘1伸出后，需放开轮毂1以便工业机器人抓取轮毂1，故添加图示放开事件	
⑳工业机器人在仓储单元抓取轮毂前的过渡点（过渡点4）所添加的仿真事件如右图所示	
㉑在工业机器人完成轮毂的抓取后，托盘1回到初始位（即缩回）。 在抓取轮毂后的轨迹点 HomeRight 点上添加图示自定义事件，工业机器人运动至该轨迹点后，托盘1缩回	

操作步骤	图 示
㉒工业机器人在仓储单元抓取轮毂后的HomeRight 点所添加的仿真事件如右图所示	
㉓到此完成工业机器人装载吸盘工具移动至仓储单元完成轮毂抓取流程中各仿真事件的添加。 点击图示_____，检测流程轨迹的可行性	
㉔编译验证无误后，点击图示按钮进行工艺流程的虚拟仿真	

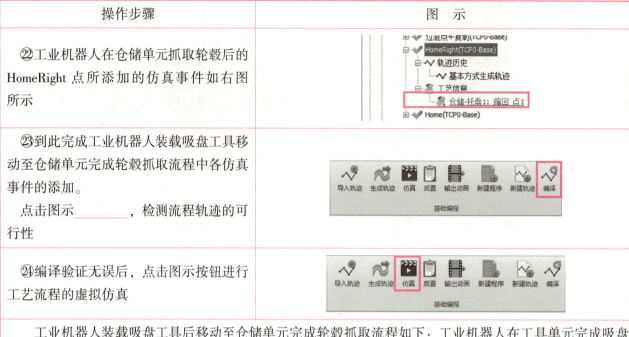

工业机器人装载吸盘工具后移动至仓储单元完成轮毂抓取流程如下：工业机器人在工具单元完成吸盘工具的装载后随伺服滑台移动至仓储单元，等待仓储单元1号仓位的托盘推出，然后工业机器人完成轮毂的抓取回到 Home 点（姿态），流程分析如图 4-3 所示。

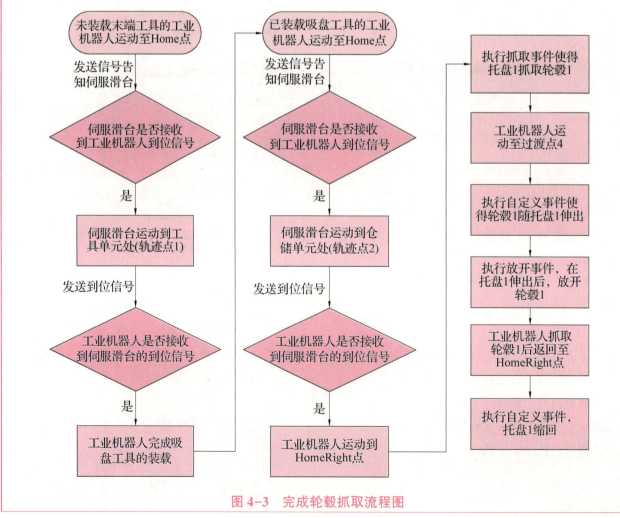

图 4-3 完成轮毂抓取流程图

续表

操作步骤	图 示
伺服滑台的轨迹点示意图，如图 4-4 所示。	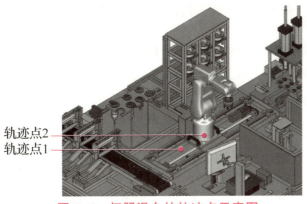

图 4-4 伺服滑台的轨迹点示意图

任务评价

1. 任务评价表

评价项目	比例	配分	序号	评价要素	评分标准	自评	教师评价
6S 职业素养	30%	30 分	①	选用适合的工具实施任务，清理无须使用的工具	未执行扣 6 分		
			②	合理布置任务所需使用的工具，明确标识	未执行扣 6 分		
			③	清除工作场所内的脏污，发现设备异常立即记录并处理	未执行扣 6 分		
			④	规范操作，杜绝安全事故，确保任务实施质量	未执行扣 6 分		
			⑤	具有团队意识，小组成员分工协作，共同高质量完成任务	未执行扣 6 分		
机电集成系统虚拟仿真	70%	70 分	①	能使用离线编程软件，搭建虚拟工作站并进行模型定位和校准	未掌握扣 10 分		
			②	能按照工作站应用要求，查询真实工作站的工具坐标系数据，并在虚拟环境中设定	未掌握扣 20 分		
			③	能使用离线编程软件，进行工业机器人运动轨迹的模拟，避免工业机器人在运动过程中的奇异点或设备碰撞等问题	未掌握扣 30 分		
			④	能按照工作站应用要求，进行工作站应用的虚拟仿真	未掌握扣 10 分		
合　计							

续表

 2. 活动过程评价表

评价指标	评价要素	分数	得分
信息检索	能有效利用网络资源、工作手册查找有效信息；能用自己的语言有条理地去解释、表述所学知识；能将查找到的信息有效转换到工作中	10	
感知工作	是否熟悉各自的工作岗位，认同工作价值；在工作中，是否获得满足感	10	
参与状态	与教师、同学之间是否相互尊重、理解、平等；与教师、同学之间是否能够保持多向、丰富、适宜的信息交流。探究学习、自主学习不流于形式，处理好合作学习和独立思考的关系，做到有效学习；能提出有意义的问题或能发表个人见解；能按要求正确操作；能够倾听、协作分享	20	
学习方法	工作计划、操作技能是否符合规范要求；是否获得了进一步发展的能力	10	
工作过程	遵守管理规程，操作过程符合现场管理要求；平时上课的出勤情况和每天完成工作任务情况；善于多角度思考问题，能主动发现、提出有价值的问题	15	
思维状态	是否能发现问题、提出问题、分析问题、解决问题	10	
自评反馈	按时按质完成工作任务；较好地掌握了专业知识点；具有较强的信息分析能力和理解能力；具有较为全面严谨的思维能力并能条理明晰表述成文	25	
总　分		100	

任务 4.2　电机参数设置

工业机器人集成系统的某些单元模块中，通常会采用驱动来指定对象，并控制驱动对象的移动速度、位置等。控制用电机可分为步进电机和伺服电机等，不同类型的电机其工作（控制）原理的不同，将会由不同的参数进行控制。

知识页——电机参数

1. 伺服电机的参数

（1）伺服电机的参数

伺服电机的精度决定于编码器的精度（线数），故在伺服电机实际使用中，必须了解电机的型号规格，确认电机编码器的分辨率，才能选择合适的伺服驱动器来控制伺服电机。

伺服驱动器有三种控制方式：转矩控制、速度控制和位置控制，不同的控制方式需要设置不同的参数值。伺服电机的实际应用中，通过设置伺服驱动器的参数实现伺服电机的控制，这类参数可归纳为伺服电机的控制参数。

伺服电机组成的伺服系统在完成安装后，必须调整参数使得系统运行稳定且满足任务要求。伺服电机参数的设置方法分为两种，一种是在伺服驱动器面板上设置，另一种是通过安装在电脑上的伺服驱动软件进行参数设置。伺服电机的伺服驱动器上至少有上百个参数，最常用的参数设置包括控制方式、位置增益、速度增益、电子齿轮比（即电子齿轮分子/电子齿轮分母）、输入/输出参数设置和通信参数设置等。

（2）执行单元伺服电机参数

在智能制造单元系统集成应用平台执行单元中，伺服电机（三菱 HG-KN43J-S100）驱动伺服滑台（伺服电机的控制对象）以指定速度运动到指定位置，从而实现安装在伺服滑台上的工业机器人本体的移动，增加了工业机器人的作业范围。

执行单元的伺服驱动器（三菱 MR-JE-40A）采用位置控制方式，通过外部输入的脉冲的频率来确定电机的转速，脉冲的个数来确定转动的角度，控制伺服电机的工作，实现对伺服滑台运行速度和运动位置的控制。执行单元伺服电机所用到的参数见表 4-1。

表 4-1　案例伺服电机的参数

参数编号	参数名称	参数设定值	参数功能说明
PA01	运行模式	1000	设定控制模式为位置控制模式
PA06	电子齿轮分子（指令脉冲倍率分子）	900	设定电子齿轮分子（CMX），设置范围：1~16777215。注意：电子齿轮的设定必须在伺服 OFF 状态进行

续表

参数编号	参数名称	参数设定值	参数功能说明
PA07	电子齿轮分母（指令脉冲倍率分母）	1	设定电子齿轮分母（CDV），设置范围：1~16777215。注意：电子齿轮的设定必须在伺服 OFF 状态进行
PA13	指令脉冲输入形态	0201	用于指令输入脉冲串滤波器的选择和指令输入脉冲串形态的选择
PD01	输入信号自动 ON 选择 1	0C00	用于设置伺服 ON（SON）、比例控制（PC）、外部转矩限制选择（TL）正转行程末端（LSP）、反转行程末端（LSN）等信号的输入值
PC01	速度加速时间常数	3000	设定从 0r/min 开始到达到额定转速的加速时间（范围：0~50000）。例：对于额定转速为 3000r/min 的伺服电机，要在 1s 完成从 0r/min 到 1000r/min 的加速，则设置该常数为 3000
PC02	速度减速时间常数	3000	请设定从额定转速到 0r/min 的减速时间（范围：0~50000）

2. 变频电机参数

（1）变频电机的参数

变频电机的调速功能是通过变频器实现的，故而合理设置变频器的参数，有利于改善变频电机的工作性能，更加高效节能地实现对变频电机驱动对象速度的调整。

变频电机通常是通过在其变频器上进行频率限制、加速时间、减速时间参数的设置，实现变频电机速度的调整。如图 4-5 所示分拣单元中，传送带在变频电机驱动下运转，按照表 4-2 中的参数完成对应变频器（FR-D720S-0.4K-CHT）的参数设定后可实现对变频电机转速的控制，进而实现对传送带传送速度的控制。

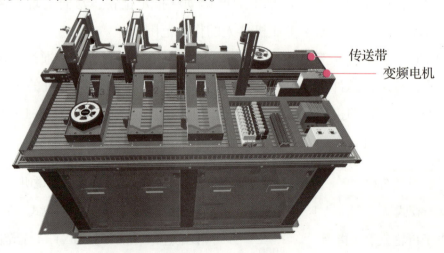

图 4-5 变频电机驱动案例示意图

表 4-2 案例变频电机的参数

参数编号	参数名称	参数设定值	参数功能说明
Pr1	上限频率	100Hz	设定输出频率的上限（范围：0~120Hz）
Pr2	下限频率	0Hz	设定输出频率的下限（范围：0~120Hz）
Pr4	多段速设定（高速）	10Hz	设定 RH-ON 时的频率（范围：0~400Hz）
Pr5	多段速设定（中速）	10Hz	设定 MH-ON 时的频率（范围：0~400Hz）
Pr6	多段速设定（低速）	10Hz	设定 LH-ON 时的频率（范围：0~400Hz）
Pr7	加速时间	1	设定电机加速时间（范围：0~3600s） 注意：范围区间根据变频器容量（3.7K/5.5K/7.5K）变化
Pr8	减速时间	1	设定电机减速时间（范围：0~3600s） 注意：范围区间根据变频器容量（3.7K/5.5K/7.5K）变化
Pr79	运行模式选择	3（外部/PU组合运行模式1）	设定运行模式（范围：0~7）

（2）变频器操作面板认知

变频电机配备的变频器，如图 4-6 所示。变频器的操作面板包含 LED 显示器、M 旋钮、指示灯和功能键，各指示灯和功能键的介绍说明见表 4-3。

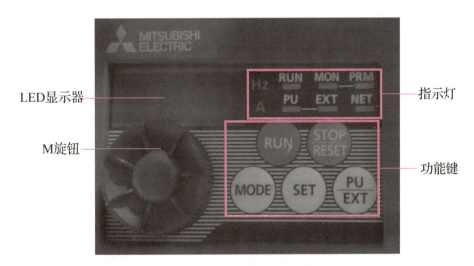

图 4-6 变频器的操作面板

表 4-3 操作面板的介绍说明

名称	功能说明
LED 显示器	显示频率、参数编号等
M 旋钮	用于变更频率设定、参数的设定值

续表

名称	功能说明
指示灯	
Hz	设定的参数为频率时亮灯
A	设定的参数为电流时亮灯
RUN	运行时亮灯，正转运行时缓慢闪烁（1.4s 循环）；反转运行时快速闪烁（0.2s 循环）
MON	监视模式时亮灯
PRM	参数设定模式时亮灯
PU	PU 运行模式时亮灯
EXT	外部运行模式时亮灯
NET	网络运行模式时亮灯
功能键	
RUN	启动电机
STOP/RESET	停止电机运行
MODE	用于设定模式的切换
SET	用于确认各设定
PU/EXT	用于切换 PU/外部运行模式，即当参数 Pr.79 参数值为 0（初始值）时，按此键可快速切换至 PU 运行模式或者外部运行模式

3. 步进电机参数设置

步进电机由步进驱动器驱动，工作模式和步距角的大小取决于步进驱动器相关参数的设置。步进驱动器的基本参数包括供电电源、输出电流值、励磁方式和保持转矩。其中供电电源根据驱动的步进电机规格参数进行选择，输出电流应大于步进电机额定电流的 2 倍，输出电流的档位一般由操作面板上的拨码开关进行人工整定。励磁方式对应细分参数，有整步、半步（2 细分）、4 细分、8 细分、16 细分、32 细分、64 细分，驱动器的控制面板也设有细分拨码开关用于细分值的设定。合理设定步进电机的细分参数有利于改善步进电机运行的平稳性，降低其运行噪声。

工作站压装单元中物料的传送由步进电机（雷赛 57CM23）驱动，可实现对物料传送方向以及运动速度的控制。步进电机驱动器（雷赛 DM556S）设有 8 位拨码开关（图 4-7），通过拨码开关可设定细分参数和电流参数（如动态电流、静止半流），实现步进电机内部参数的调整和驱动控制。步进驱动器拨码开关与

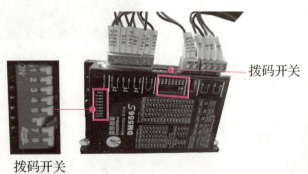

图 4-7 步进驱动器的拨码开关

参数设置对应关系，如图 4-8 所示。

图 4-8 拨码开关与参数设置的对应关系

知识测试

一、单项选择题

1. 以下哪一个参数在选择合适的伺服驱动器时是必须确认的？（　　）

A. 电压　　　　　　B. 电流　　　　　　C. 分辨率　　　　　　D. 频率

2. 三菱 MR-JE-40A 驱动器采用哪种控制方式？（　　）

A. 力矩控制　　　　B. 位置控制　　　　C. 力控制　　　　　　D. 速度控制

3. 变频电机的调速功能是通过什么来实现的？（　　）

A. 变频器　　　　　B. PLC　　　　　　C. 电机　　　　　　　D. 机器人

4. 变频电机配备的变频器的 RUN 参数名称是什么含义？（　　）

A. 运行时亮灯，正转运行时缓慢闪烁；反转运行时快速闪烁

B. 监视模式时亮灯

C. 参数设定模式时亮灯

D. 网络运行模式时亮灯

二、简答题

1. 伺服驱动器的控制方式有哪些？

2. 步进驱动器的基本参数有哪些？

任务页——电机参数设置

工作任务	电机参数设置	教学模式	理实一体
建议学时	参考学时共 6 学时，其中相关知识学习 2 学时；学员练习 4 学时	需设备、器材	工业机器人集成设备
任务描述	本任务主要完成伺服电机、变频电机、步进电机等常用电机参数设置		
职业技能	3.2.1 能完成伺服电机的网络参数、速度、加减速和位置等参数的设置。 3.2.2 能完成变频电机速度和加减速等参数的设置。 3.2.3 能完成步进电机细分参数和电流等参数的设置		

4.2.1 伺服电机参数设置

任务实施

1. 三菱伺服电机的参数设置

以三菱伺服电机的参数设置为例，根据三菱伺服驱动器面板上的参数数据完成伺服电机参数的设置。详细的方法和步骤见下表。

操作步骤	图 示
①按"MODE"键进入参数设置模式，可通过按"_____"键进行参数设置模式的切换。 按"MODE"键切换 LED 显示上的参数设置模式为"PA"（基本设置模式），LED 显示上默认显示的参数编号为"PA01"，如右图所示	
②按"_____"键，读取参数"PA01"当前的设定值，默认显示为"1000"（如右图所示）	

续表

操作步骤	图　示
③再次按"SET"键，显示部分的数值闪烁，进入参数数值设定模式，点击图示按钮可进行数值的增大/减小。 ↑（UP）：＿＿＿＿； ↓（DOWN）：减小数值	
④将显示部分的数值调至参数对应设置值后，按"SET"键确认该参数值的设定。 确认参数值后，显示部分的数值不再闪烁。 　如右图所示，设定PA01的参数值为1000	
⑤所需设定的参数是同一设置模式下时，可通过UP键或者DOWN键切换显示部分的参数编号，选择所需设定的参数。 　例如以下所需设定的参数编号是PA06，与PA01均属于基本设置模式下的参数，故按UP键，切换参数编号为PA06，如右图所示	
⑥按＿＿＿＿次"SET"键，通过UP键和DOWN键将数值设定为"0900"，如右图所示。 　再次按"SET"键，确认并完成PA06参数值的设定	
⑦参照参数PA06的设置方法，完成PA07和PA13的设置。 　如右图所示，为设定的PA13参数值	

⑧所需设定的参数不是同一设置模式下时，可通过 MODE 键切换显示部分的参数模式，选择所需设定的参数模式	
⑨参照设定 PA06 参数值的方法和步骤，完成参数 PD01 的设定（如右图所示）	
⑩参照上述的操作方法和步骤完成参数 PC01 和 PC02 的设定。 如右图所示为设定的 PC02 参数值	

完成伺服驱动器参数的设置后，建议断电重启以保证参数及时生效。

该伺服电机通过使用图 4-9 伺服驱动器面板上的 LED 显示器（5 位的 7 段 LED）和操作按键对伺服驱动器的状态、报警、参数进行设置，详细功能介绍说明见表 4-4。

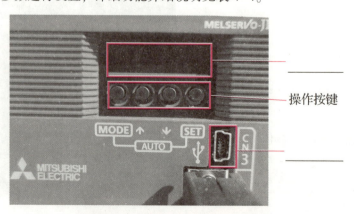

图 4-9　伺服驱动器参数设置

表4-4 伺服驱动器功能说明

名称	功能说明
LED 显示器	显示参数编号、参数值等
MODE 键	用于变更模式（如基本设置模式、增益·滤波器设置模式等）
↑（UP）键	用于增大 LED 显示上的数值
↓（DOWN）键	用于减小 LED 显示上的数值
SET 键	用于设置参数数值
CN3	用于_____

 4.2.2 变频电机参数设置

任务实施

在变频器操作面板上完成变频电机参数的设置，详细的方法和步骤见下表。

操作步骤	图示
①按"MODE"键进入参数设定模式，操作面板上的_____指示灯亮（如右图所示）。 注意：当键盘与 M 旋钮操作无效时，可长按"MODE"键（2s 左右）解除操作面板的锁定状态	
②旋转_____旋钮，将参数编号设定为"P.1"（即Pr1），如右图所示	
③按"_____"键，读取当前的设定值，默认显示为初始值"120"（如右图所示）	

续表

操作步骤	图　示
④旋转 M 旋钮，将数值设定为"100"，如右图所示	
⑤按"＿＿＿"键确定，完成上限频率的设定。 完成设定的参数值，会在显示器上跳动显示	
⑥旋转＿＿＿旋钮（或按 2 次"SET"键），将参数编号设定为"P. 2"（即 Pr2），如右图所示	
⑦参照设定 Pr1 参数值的方法和步骤，完成参数 Pr2 的设定（如右图所示）	
⑧参照以上方法和步骤完成参数 Pr4、Pr5、Pr6、Pr7 和 Pr8 的设定	
⑨下面进行运行模式参数的设定，进入参数设置界面的方法有两种： 可采用上述相同的方法和步骤外，进入运行模式参数设置界面； 还可以在变频器操作面板上，同时按住"＿＿＿"和"＿＿＿"，进入图示界面进行运行模式参数的设定	

续表

操作步骤	图　示
⑩旋转操作面板上的 M 旋钮，将值设定为"＿＿＿＿"，即当前显示的"79-3"	
⑪按"SET"键确定，完成运行模式参数（Pr79）的设定。 运行模式设定为外部/PU 组合运行模式 1 后，操作面板的"EXT"和"PU"灯亮，如右图所示	
⑫完成变频器参数的设置后，建议断电重启以保证参数及时生效	

  4.2.3　步进电机参数设置

压装单元步进电机参数设置

任务实施

压装单元步进电机所需设置的参数见下表。

参数	参数设定值	参数功能说明
SW1	ON	设定＿＿＿＿
SW2	OFF	
SW3	OFF	
SW4	OFF	设定静止电流参数，SW4＝OFF 驱动器停止接收脉冲约 0.4s 后，输出电流为峰值的 50%（半流，在某些应用场合设置半流可以降低驱动器和电机的发热）；SW4＝ON 驱动器输出电流在电机静止时为峰值的 90%（全流）
SW5	OFF	设定＿＿＿＿
SW6	ON	
SW7	OFF	
SW8	ON	
SW9	OFF	设定指令滤波（微细分）为默认值 25ms
SW10	OFF	

续表

参数	参数设定值	参数功能说明
SW11	OFF	电机上电自整定（出厂默认）
SW12	OFF	出厂默认 OFF。正常工作情况下，报警输出为低阻态（导通状态），当驱动器发生报警时，报警输出为高阻态（非导通状态）
SW13	OFF	设定脉冲有效沿，脉冲上升沿有效（出厂默认）
SW14	ON	设定脉冲模式为_____模式
SW15	OFF	出厂默认 OFF。当驱动器非使能时，不响应脉冲，无电流输出，电机（轴）不锁
SW16	OFF	关闭自检测（出厂默认）

参照上表中的参数数据，在步进驱动器上设置拨码开关完成步进电机参数的设置。详细的方法和步骤见下表。

操作步骤	图　示
①步进电机参数是通过拨码开关完成设置的。 可使用图示工具（一字螺丝刀）或手指，实现拨码开关的拨动	
②在步进驱动器的图示位置，设定拨码开关的状态，可完成参数_____的设置。 拨码开关拨至 ON 侧，即对应参数值被设置为 ON；拨码开关拨至远 ON 侧，即对应参数值被设置为 OFF	 拨码开关
③选择合适规格的一字螺丝刀（推荐使用_____规格的螺丝刀），完成图示参数 SW1~SW8 的设置	

续表

操作步骤	图示
④在步进驱动器的图示位置，设定拨码开关的状态，可完成参数 SW9~SW16 的设置	

⑤完成步进驱动器各参数设置后，重新上电启动步进驱动器，使得参数设置生效

任务评价

1. 任务评价表

评价项目	比例	配分	序号	评价要素	评分标准	自评	教师评价
6S职业素养	30%	30分	①	选用适合的工具实施任务，清理无须使用的工具	未执行扣6分		
			②	合理布置任务所需使用的工具，明确标识	未执行扣6分		
			③	清除工作场所内的脏污，发现设备异常立即记录并处理	未执行扣6分		
			④	规范操作，杜绝安全事故，确保任务实施质量	未执行扣6分		
			⑤	具有团队意识，小组成员分工协作，共同高质量完成任务	未执行扣6分		
电机参数设置	70%	70分	①	能完成伺服电机的网络参数、速度、加减速和位置等参数的设置	未掌握扣30分		
			②	能完成变频电机速度和加减速等参数的设置	未掌握扣20分		
			③	能完成步进电机细分参数和电流等参数的设置	未掌握扣20分		
合　计							

续表

2. 活动过程评价表

评价指标	评价要素	分数	得分
信息检索	能有效利用网络资源、工作手册查找有效信息；能用自己的语言有条理地去解释、表述所学知识；能将查找到的信息有效转换到工作中	10	
感知工作	是否熟悉各自的工作岗位，认同工作价值；在工作中，是否获得满足感	10	
参与状态	与教师、同学之间是否相互尊重、理解、平等；与教师、同学之间是否能够保持多向、丰富、适宜的信息交流。 探究学习、自主学习不流于形式，处理好合作学习和独立思考的关系，做到有效学习；能提出有意义的问题或能发表个人见解；能按要求正确操作；能够倾听、协作分享	20	
学习方法	工作计划、操作技能是否符合规范要求；是否获得了进一步发展的能力	10	
工作过程	遵守管理规程，操作过程符合现场管理要求；平时上课的出勤情况和每天完成工作任务情况；善于多角度思考问题，能主动发现、提出有价值的问题	15	
思维状态	是否能发现问题、提出问题、分析问题、解决问题	10	
自评反馈	按时按质完成工作任务；较好地掌握了专业知识点；具有较强的信息分析能力和理解能力；具有较为全面严谨的思维能力并能条理明晰表述成文	25	
总　分		100	

任务4.3 传感系统调试

本文所述工作站的传感系统是多传感器系统，各传感器之间协调工作，总控单元的总控制器PLC1负责采集、汇总并处理多个传感器的检测结果。

知识页——传感器调试

1. 位置传感器调试

行程开关（又称限位开关）利用生产机械运动部件的碰撞使其触头动作来实现接通或断开控制电路，达到一定的控制目的，这类开关通常被用来限制机械运动的位置或行程。

工作站的压装单元使用一组（2个）行程开关来限制压装工位沿滑台运动的行程，实现物料运动位置的控制，如图4-10所示，行程开关（常闭）已经安装在压装单元滑台的两端。

压装单元所用是欧姆龙的D4V-8108Z-N（可调树脂滚珠摆杆型）的行程开关（图4-11），由滚珠、摆杆、头、内置开关、外盖和连接器组成，可调节范围为R30~75（单位：mm）。其中行程开关摆杆长度和角度的调节，可实现行程开关距离的调整。

图4-10 压装单元的行程开关

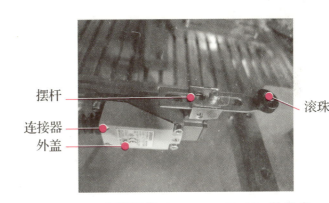

图4-11 行程开关（D4V-8108Z-N）的组成

案例工作站压装单元的行程开关均以常闭输出的方式分别接入压装单元远程I/O模块的I40.4和I40.5。压装单元的压装工位上的挡铁与行程开关发生接触且到达限位值时，行程开关的内置开关响应输出状态变化，即行程开关接入的I点（I40.4/I40.5）由常闭切换为常开状态，从而使得步进电机停止运动。

2. 视觉传感器调试

视觉传感器是利用光电成像系统采集被控目标的图像，经计算机或专用的图像处理模块进行数字处理，根据图像的像素分布、亮度和颜色等信息，进行尺寸、形状、颜色等的识别和检测的传感器。

视觉传感器可分为两大类：PC式（板卡式）视觉传感器和嵌入式视觉传感器，案例的视觉检测单元采用PC式（板卡式）视觉传感器实现视觉检测。PC式（板卡式）视觉传感器一般由光源、光学镜头、CCD或CMOS相机、图像采集卡、传感器、图像处理软件、控制单元以及一台工业PC构成，如图4-12所示。

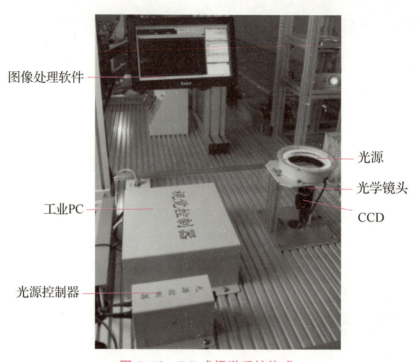

图4-12　PC式视觉系统构成

知识测试

一、判断题

1. 行程开关（又称限位开关）利用生产机械运动部件的碰撞使其触头动作来实现接通或断开控制电路，达到一定的控制目的，这类开关通常被用来限制机械运动的位置或行程。
（　　）

2. 案例工作站压装单元的行程开关均以常开输出的方式分别接入压装单元远程I/O模块的I40.4和I40.5。
（　　）

3. 视觉传感器可分为两大类：PC式（板卡式）视觉传感器和嵌入式视觉传感器，案例的视觉检测单元采用PC式（板卡式）视觉传感器实现视觉检测。
（　　）

4. 视觉传感器是利用光电成像系统采集被控目标的图像，经计算机或专用的图像处理模块进行数字处理，根据图像的像素分布、亮度和颜色等信息，进行尺寸、形状、颜色等的识别和检测的传感器。
（　　）

5. 压装单元所用是欧姆龙的D4V-8108Z-N（可调树脂滚珠摆杆型）的行程开关，可调节范围为R30~90（单位：mm）。
（　　）

任务页——传感系统及调试

工作任务	传感系统调试	教学模式	理实一体
建议学时	参考学时共 6 学时，其中相关知识学习 2 学时；学员练习 4 学时	需设备、器材	工业机器人集成设备
任务描述	本任务主要完成非接触式位置传感器感应距离的调整、接触式位置传感器触发距离的调整、视觉传感器焦距、光圈等参数的调整		
职业技能	3.3.1 能完成非接触式位置传感器感应距离的调整。 3.3.2 能完成接触式位置传感器触发距离的调整。 3.3.3 能完成视觉传感器焦距、光圈等参数的调整		

 4.3.1 位置传感器调试

任务实施

1. 工作站中接触式传感器调试

在压装单元使用前需对行程开关进行触发距离的调整，具体的方法和步骤见下表。

工作站接触式位置传感器调试

操作步骤	图 示
①案例压装单元的行程开关功能是限制压装工位的运动位置，使压装工位不与压装单元的限位块发生机械碰撞。 所以首先触摸屏上操纵压装单元的压装工位随滑台运动到所需进行触发距离调整的行程开关附近，如右图所示	
②行程开关触发距离的调整可通过摆杆_____和摆杆_____的调节实现。 旋松图示 1 的螺钉后可调节行程开关的摆杆伸出长度；旋松图示 2 的内六角螺母后可调节行程开关的摆杆角度	

续表

操作步骤	图　示
③使用内六角扳手（扳手尺寸3mm）拧松调节摆杆角度的内六角螺母（M4），将行程开关的摆杆转向压装工位的_____方向完成摆杆角度的调节，如右图所示	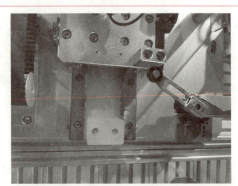
④然后使用内六角扳手（扳手尺寸3mm）拧松调节螺钉（M4），调节滚珠摆杆的伸出长度，使得滚珠与压装工位的挡铁接触，如右图所示	
⑤完成行程开关摆杆角度和伸出长度的调节后，手动控制压装工位往所需测试的行程开关方向运动，验证能否触发对应I点状态的变化。若触发压装单元停止的位置不满足实际需求，则重新进行摆杆角度和伸出长度的调节，直到满足实际使用需求。 注意：压装工位达到限位时，尽量保证其挡铁与摆杆不发生机械接触，以避免机械损伤	
⑥若通过摆杆角度和摆杆伸出长度的调节，仍无法达到限位需求，则需重新调整行程开关的机械安装位置。 行程开关的机械位置可通过拧松图示_____后进行调节	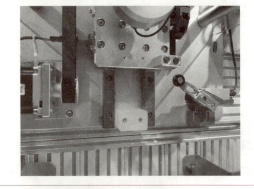 机械位置调节螺钉

2. 接近式开关感应距离的调整

光电式的接近开关（即光电传感器）广泛应用于工业机器人集成系统中，实现对某一范围内是否有某一物体的检测。例如仓储单元使用漫反射式光电传感器，如图4-13所示，检测仓位储料位置上有无物料，执行单元使用凹槽型（对射式）光电传感器，如图4-14所示，检测伺服滑台运动位置是否到达指定限位，实现工业机器人移动距离的控制。其中凹槽型光电传感器的感应（检测）距离范围是_____的，漫反射式光电传感器的检测距离范围可调整，可通过使用一字螺丝刀调节漫反射式光电传感器的距离设定开关，实现检测距离的调节。

续表

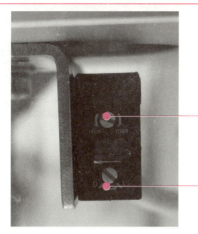

— 距离设定开关

— 动作转换开关

图 4-13 光电传感器

图 4-14 凹槽型光电传感器

4.3.2 视觉传感器调试

任务实施

图像采集的目的是拍摄到高质量的被测物特征的光学图像,所以在使用视觉传感器进行视觉检测之前,需对其进行调试,以确认成像清晰度、大小、位置等符合检测要求。视觉传感器的调试包含_____、镜头焦距、_____以及光圈大小的调节,从而使成像的轮廓更加清晰、明亮。具体的操作方法和步骤见下表。

操作步骤	图 示
①点击视觉检测单元显示器显示窗口与流程显示连动的"■",将相机图像模式改为"相机图像动态"(即动态显示模式)	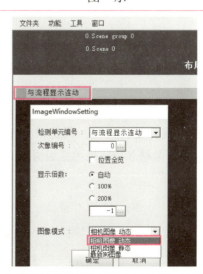

续表

操作步骤	图　示
②然后操纵工业机器人将被测物移动至相机上方（视觉检测点位），使被测物特征的成像尽可能地位于显示器中部，大小如图示为宜。 由于工业机器人视觉检测点位会影响被检测物在视觉检测显示屏中成像的大小，故视觉检测系统的调试时，注意与工业机器人视觉检测点位的确定（示教）一同进行	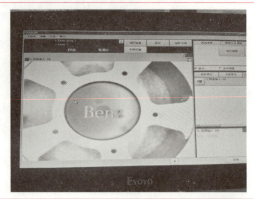
③旋转光源控制器旋钮，调节光源亮度，直至视觉检测系统显示画面中的被测物特征的成像环境＿＿＿＿且＿＿＿＿	
④旋松图示锁定螺钉（拧紧状态下，无法调节焦距）后，旋转镜头外圈调整镜头焦距，使图像显示清晰。 注意：如果检测点位处于镜头焦距范围之外，会导致在调节过程中始终无法得到合格的成像，可通过调整工业机器人位置使检测点位处于镜头焦距范围内，然后继续调节直至得到＿＿＿＿成像	
⑤旋松图示锁定螺钉（拧紧状态下，无法调节光圈）后，旋转镜头光圈，调整进光量和＿＿＿＿，使图像局部特征显示更加清晰	

续表

操作步骤	图 示
⑥完成视觉传感器的调试后,视觉检测点位所拍摄得到的被检测物特征的成像清晰且大小、亮度适中,如右图所示,完成视觉传感器的调试	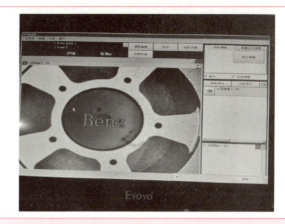

任务评价

1. 任务评价表

评价项目	比例	配分	序号	评价要素	评分标准	自评	教师评价
6S职业素养	30%	30分	①	选用适合的工具实施任务,清理无须使用的工具	未执行扣6分		
			②	合理布置任务所需使用的工具,明确标识	未执行扣6分		
			③	清除工作场所内的脏污,发现设备异常立即记录并处理	未执行扣6分		
			④	规范操作,杜绝安全事故,确保任务实施质量	未执行扣6分		
			⑤	具有团队意识,小组成员分工协作,共同高质量完成任务	未执行扣6分		
传感系统调试	70%	70分	①	能完成非接触式位置传感器(如光电式的接近开关)感应距离的调整	未掌握扣20分		
			②	能完成接触式位置传感器(如行程开关)触发距离的调整	未掌握扣20分		
			③	能完成视觉传感器焦距、光圈等参数的调整	未掌握扣30分		
合 计							

续表

2. 活动过程评价表

评价指标	评价要素	分数	得分
信息检索	能有效利用网络资源、工作手册查找有效信息；能用自己的语言有条理地去解释、表述所学知识；能将查找到的信息有效转换到工作中	10	
感知工作	是否熟悉各自的工作岗位，认同工作价值；在工作中，是否获得满足感	10	
参与状态	与教师、同学之间是否相互尊重、理解、平等；与教师、同学之间是否能够保持多向、丰富、适宜的信息交流。探究学习、自主学习不流于形式，处理好合作学习和独立思考的关系，做到有效学习；能提出有意义的问题或能发表个人见解；能按要求正确操作；能够倾听、协作分享	20	
学习方法	工作计划、操作技能是否符合规范要求；是否获得了进一步发展的能力	10	
工作过程	遵守管理规程，操作过程符合现场管理要求；平时上课的出勤情况和每天完成工作任务情况；善于多角度思考问题，能主动发现、提出有价值的问题	15	
思维状态	是否能发现问题、提出问题、分析问题、解决问题	10	
自评反馈	按时按质完成工作任务；较好地掌握了专业知识点；具有较强的信息分析能力和理解能力；具有较为全面严谨的思维能力并能条理明晰表述成文	25	
总　分		100	

项目评测

项目四 机电集成系统调试与优化工作页

项目知识测试

一、选择题

1. （　　）接近开关的检测对象必须是磁性物体。
   A. 霍尔式　　　B. 电容式　　　C. 电感式　　　D. 多普勒式

2. （　　）又称为脉冲电机，是将电脉冲信号转变为角位移或线位移的开环控制电机，电机系统不包含反馈检测。
   A. 伺服电机　　　B. 步进电机　　　C. 直线电机　　　D. 以上都不是

3. 伺服电机（又称执行电机）是一种应用于运动控制系统中的控制电机，一般应用于以下哪些场合（　　）。
   A. 当控制机构需要精确的原点定位，要求机构上受控制的每一制表位或路径都需要精确相对于原点位置时。
   B. 大型机构需要较长时间运行时。
   C. 当控制机构不需进行原点复位或原点复位精度要求不高且不需高速运行。
   D. 需频繁启动、制动、停止、反转

4. 图 4-15 所示为欧姆龙 E3ZLS81 漫反射光电传感器，其中框选开关的作用漫反射光电传感器，其中框选开关的作用是（　　）。
   A. 调整检测距离
   B. 调整检测宽度
   C. 动作转换开关
   D. 调整指示灯亮度

图 4-15　欧姆龙 E3ZLS81 漫反射光电传感器

5. 在离线编程软件 PQArt 中完成工业机器人运动轨迹的示教编程后，进行工业机器人运动轨迹仿真的方法和步骤正确的是（　　）。
   A. 先点击编译，编译通过后再点击仿真
   B. 先点击仿真，仿真完成后再点击编译
   C. 只需点击仿真
   D. 只需点击编译

二、判断题

1. 确认电机编码器的分辨率，才能选择合适的伺服驱动器来控制伺服电机。（　　）
2. 在伺服电机参数的设置方法分为两种，一种是在伺服驱动器面板上设置，另一种是通过安装在电脑上的伺服驱动软件进行参数设置。（　　）
3. 变频电机的调速功能是通过电机磁极实现的。（　　）
4. 励磁方式对应细分参数，有整步、半步（2 细分）、4 细分、8 细分、16 细分、32 细分、64 细分。（　　）
5. 步进电机的工作模式和步距角的大小是取决于步进驱动器相关参数的设置。（　　）

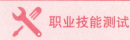 职业技能测试

一、周边设备编程与调试

视觉检测模板搭建：选择合适的快换工具，手动安装到工业机器人快换装置的主端口处，控制工业机器人在抓取轮毂零件的状态下运动至视觉检测点的合适位置处，示教记录该点位置，命名为"Area01"，并在该位置完成视觉检测模板的搭建。

视觉检测对象为轮毂标签颜色，如图4-16所示，标签颜色有"红色"和"绿色"。在场景组2、场景1中搭建视觉检测模板，实现当检测到标签颜色为绿色时，检测结果为OK，检测到标签颜色为其他颜色时，检测结果为NG。

图4-16 视觉检测对象为轮毂标签颜色

项目五

工业机器人集成系统维护与维修

项目导言

本项目主要从"智能制造单元系统集成应用平台"(以下简称"工作站")的维护、机械故障维修、电气故障维修三个方面讲解工业机器人集成系统的维护与维修方法。工作站的维护部分包含工业机器人、PLC工程文件、触摸屏工程文的备份与恢复方法、工作站紧急停止和安全光栅的触发与恢复方法。工作站机械故障维修主要从工作站机械传动机构的角度,介绍同步带传动、滚珠丝杠传动、工装夹具的故障诊断与维修方法。工作站电气故障维修主要从工作站常见电气设备的角度,介绍工业机器人系统、电气设备、气路系统的常见故障现象,以及如何通过故障现象或相关产品手册排除故障的方法。

工业机器人集成应用职业等级标准对照表

工作领域	工业机器人系统维护维修										
工作任务	工作站系统维护		工作站机械故障维修		工业机器人系统故障维修		工作站电气系统故障维修				
项目实施 任务分解	工业机器人系统数据及文件的备份	工作站安全机制的触发与恢复	机械传动机构故障诊断与维修	工装夹具故障诊断与维修	工业机器人系统报警信息识别	工业机器人系统报警信息排除	PLC和触摸屏故障诊断与维修	传感器故障诊断与维修	继电器故障诊断与维修	气路故障诊断与维修	电机系统故障诊断与维修
职业能力	4.1.1 能根据操作手册的要求,进行工作站系统数据的定期备份、报警信号的识别与清除。 4.1.2 能在工作站发生异常的情况下进行紧急制动、复位等处理操作。 4.1.3 能根据维护手册的要求,进行工作站程序备份恢复和工作位置误差消除。 4.2.1 能根据工作站维护保养手册,查找机械传动机构故障并维修。 4.2.2 能根据工作站维护保养手册,查找工装夹具机械故障并维修。 4.2.3 能根据工作站维护保养手册,查找气路故障并维修。 4.3.1 能结合报警代码,查找工业机器人系统电气故障并维修。 4.3.2 能查找PLC、触摸屏、伺服控制器等设备故障并维修。 4.3.3 能查找传感器、电机、继电器等设备故障并维修。										

任务 5.1　工作站维护系统维护

工作站在使用过程中，为了防止误操作或误更改程序造成数据丢失的情况，操作人员应该定期对工作站的工业机器人程序、PLC 工程文件、触摸屏工程文件进行备份，以便在必要时能够将数据恢复到设备中。除此之外，操作人员还应该了解并掌握工作站安全机制的触发和恢复方法，遇到紧急状况时能够第一时间触发工作站安全机制，保证人身安全，并能够在处理完紧急状况之后，将设备恢复到正常运行状态。

知识页——工作站安全机制的触发与恢复

1. 工作站外部紧急停止按钮

工作站外部紧急停止按钮位于工作站的操作面板上，如图 5-1 所示。当发生紧急情况时立即按下该按钮，工作站的主电源会被切断，使工业机器人系统及工作站各个单元模块的执行机构立即停止运行，从而起到安全防护的作用。

图 5-1　工作站外部紧急停止按钮

2. 工业机器人系统紧急停止按钮

工业机器人的紧急停止按钮一般位于工业机器人控制器的操作面板上或示教器上，如图 5-2 所示。工业机器人系统上面的紧急停止按钮优先于任何其他工业机器人的控制操作，当按下紧急停止按钮时，会断开工业机器人电机的驱动电源，停止所有运转部件，并切断工业机器人运动控制系统及存在潜在危险的功能部件的电源。

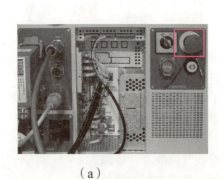 

（a）　　　　　　　　　　　　　（b）

图 5-2　工业机器人集成系统紧急停止按钮

（a）ABB 工业机器人控制器上的紧急停止按钮；（b）示教器上的紧急停止按钮

知识测试

一、判断题

1. 当发生紧急情况时,立即按下该按钮,工作站的主电源会被切断,使工业机器人系统及工作站各个单元模块的执行机构立即停止运行,从而起到安全防护的作用。（   ）

2. 工业机器人系统上面的紧急停止按钮优先于任何其他工业机器人的控制操作。（   ）

🔧 任务页——工作站系统数据和文件的备份与恢复

工作任务	工作站系统维护		教学模式	理实一体
建议学时	参考学时共 4 学时，其中相关知识学习 2 学时；学员练习 2 学时		需设备、器材	工业机器人集成设备
任务描述	本任务主要完成工作站系统数据和文件的备份与恢复以及在工作站发生异常的情况下进行紧急制动、复位等处理操作			
职业技能	4.1.1 能根据操作手册的要求，进行工作站系统数据的定期备份、报警信号的识别与清除。 4.1.2 能在工作站发生异常的情况下进行紧急制动、复位等处理操作。 4.1.3 能根据维护手册的要求，进行工作站程序备份恢复和工作位置误差消除			

5.1.1 工作站系统数据和文件的备份与恢复

任务实施

1. 工业机器人系统数据及文件的备份与恢复

（1）工业机器人系统数据备份与恢复

对工业机器人系统数据备份可以有效避免操作人员对系统文件误删所引起的故障。工业机器人系统数据备份一般指将所有储存在运行内存中的 RAPID 程序和系统参数打包到一个文件夹中，然后备份到工业机器人系统硬盘或＿＿＿＿存储设备中。

工业机器人系统数据的恢复，是将备份在工业机器人系统硬盘或外部 USB 存储设备中的系统文件恢复到工业机器人系统中。恢复工业机器人系统数据的操作步骤见下表。

操作步骤	图　示
①以从 USB 存储设备恢复系统为例介绍工业机器人系统数据的恢复方法，首先将 USB 存储设备插入示教器的 USB 端口。 在示教器操作界面中，点击"备份与恢复"	

续表

操作步骤	图　示
②进入图示备份与恢复界面，点击"_____"	
③点击"_____"，选择存放系统备份文件的位置（工业机器人系统硬盘或USB存储设备）	
④通过点击相应的按钮，找到存放备份文件的位置（工业机器人系统硬盘或USB存储设备）。 A：点击可在当前文件夹中创建新文件夹。 B：点击进入上一级文件夹。 C：显示当前选定的文件路径	
⑤找到系统备份所在的文件夹	

续表

操作步骤	图示
⑥点击进入系统备份文件夹,并点击"确定"	
⑦点击"_____",对工业机器人系统进行恢复	
⑧点击"是",以继续系统数据的恢复	
⑨出现图示"正在恢复系统。请等待!"画面。 等待过程中,会重新启动工业机器人系统,重启后完成工业机器人系统数据的恢复	

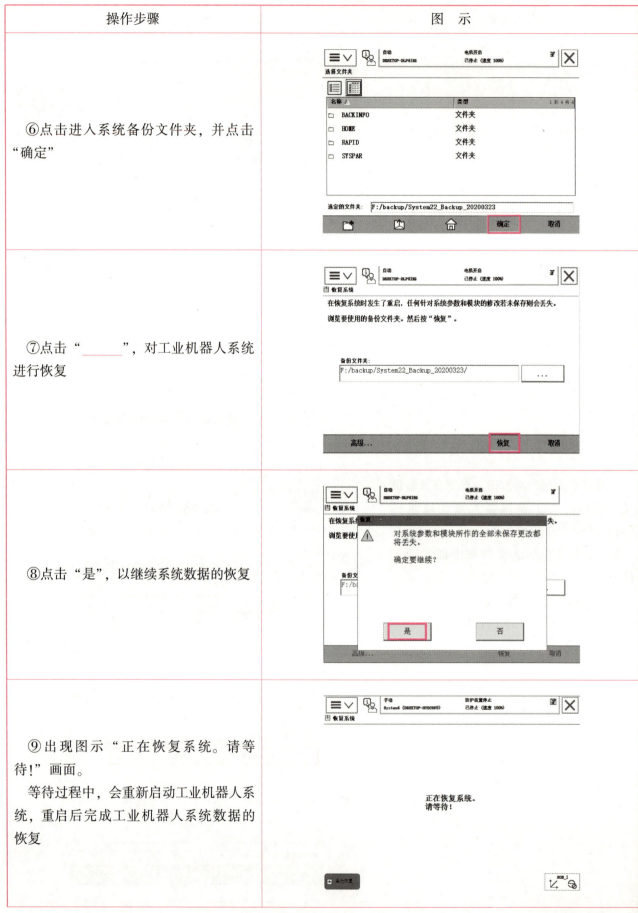

续表

（2）工业机器人程序文件备份与恢复

ABB 工业机器人的程序存储在程序模块中，进行程序备份就是将工业机器人系统中的程序模块导出到 USB 存储设备中进行备份。程序的备份可分为两种，一种是_____；另一种是将所有程序模块一次性导出的程序备份。

ABB 工业机器人程序的恢复就是将备份在外部 USB 存储设备中的程序模块导入到工业机器人系统中。程序恢复分为两种操作方法，一种是将指定的程序模块单独导入工业机器人系统中，另一种是一次性将所有程序模块的备份导入工业机器人系统中。

工业机器人程序文件备份与恢复的操作步骤见下表。

程序模块的导出

操作步骤	图　　示
一、指定程序对应程序模块的备份	
①在"_____"内，点击图示位置的"模块"	
②在模块列表中，系统已经自动识别了该程序所在的程序模块。点击"_____"，选择"另存模块为…"	
③选择 USB 存储设备所在的盘，作为程序模块存放的盘	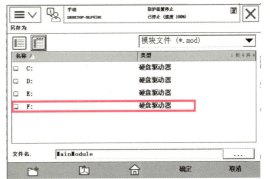

续表

操作步骤	图 示
④选定存放的文件夹（或新建文件夹）	
⑤确定存放路径后，点击"确定"，至此即完成了程序模块的备份	
⑥可以在U盘中相应文件夹找到_____文件形式备份的程序模块	
二、所有程序模块的备份	
①将USB存储设备（例如U盘）插入示教器的USB端口。 点击某个例行程序图示位置的"任务与程序"	

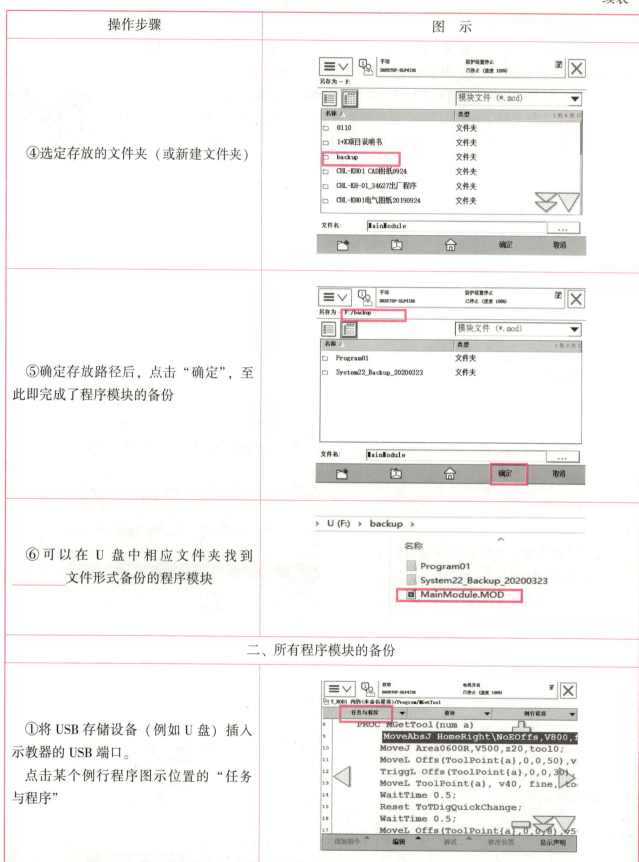

续表

操作步骤	图 示
②进入图示任务与程序界面，点击"文件"并选择"另存程序为…"	
③点击"确定"	
④点击界面中的图标，可以对程序存放路径和程序名称进行设定和修改。 A. 点击后可在当前文件夹中创建新文件夹。 B. 点击进入上一级文件夹。 C. 点击可编辑修改模块文件名称。 D. 显示当前选择的模块存放路径	
⑤通过点击"上一级"，找到并选择USB存储设备所在的盘，将其作为程序存放的盘	

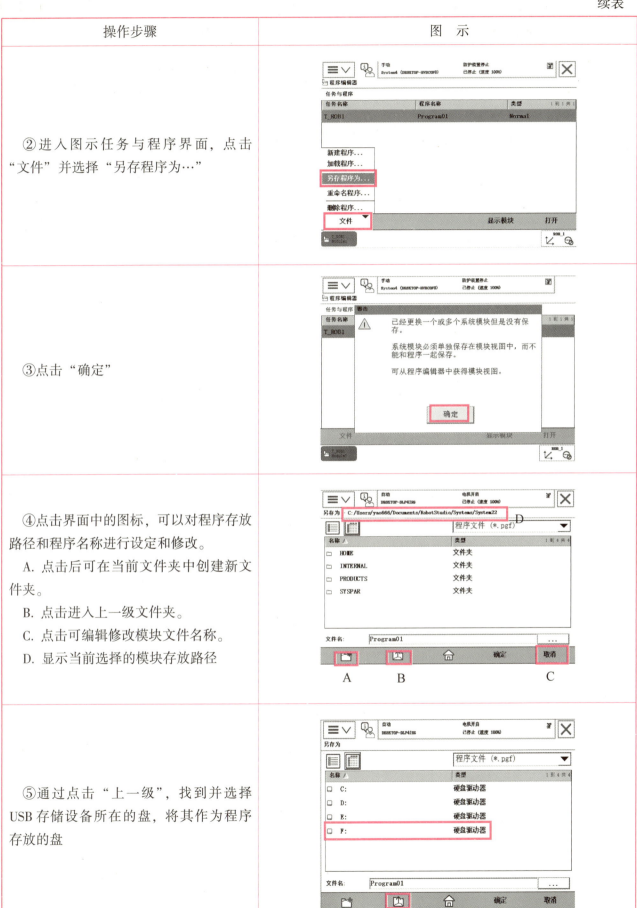

续表

操作步骤	图 示
⑥选定存放的文件夹（或新建文件夹作为存放的文件夹）	
⑦确定存放路径后，点击"确定"。至此即完成了指定程序的备份	
⑧工业机器人系统中的所有程序模块被导出保存到 USB 存储设备中，以_____和_____文件的形式存储在文件夹中	
三、恢复单个程序模块	
①在"程序编辑器"内，点击图示位置的"_____"	

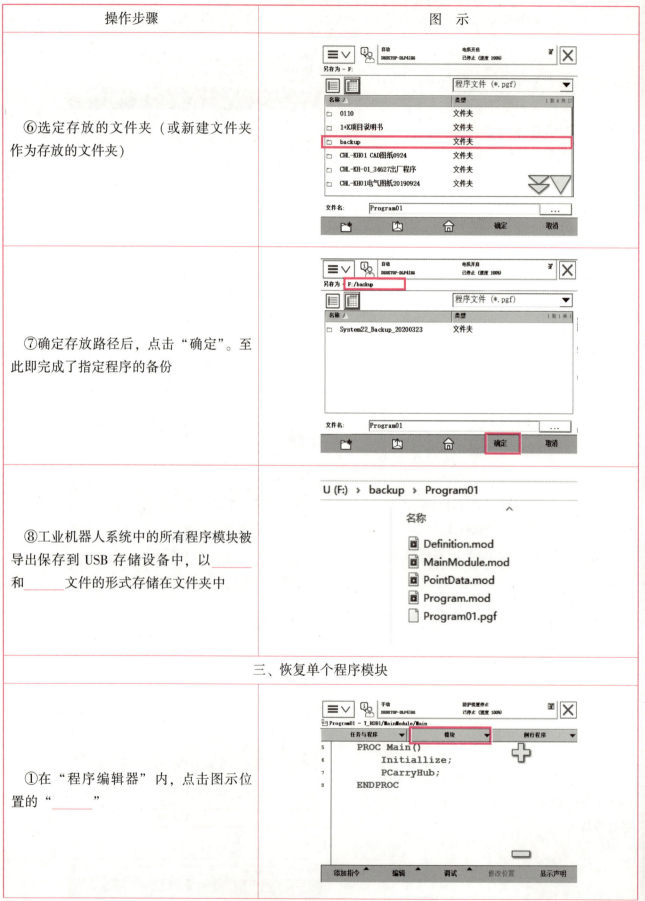

续表

操作步骤	图　示
②点击"文件"并选择"＿＿＿"	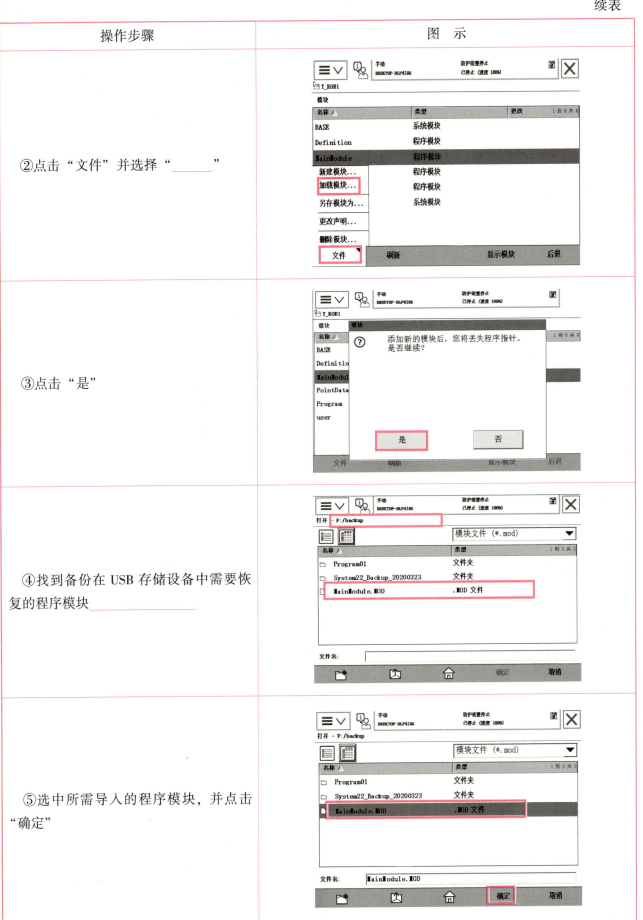
③点击"是"	
④找到备份在 USB 存储设备中需要恢复的程序模块＿＿＿＿＿	
⑤选中所需导入的程序模块，并点击"确定"	

续表

操作步骤	图 示
⑥MainModule 程序模块被恢复到系统中	
四、恢复所有程序模块	
①将备份了所有程序模块的 USB 存储设备（例如 U 盘）插入示教器的 USB 端口。点击例行程序图示位置的"任务与程序"	
②进入图示任务与程序界面，点击"_____"并选择"加载程序…"	
③弹出图示界面，点击"不保存"。 点击"_____"，会将当前系统中的所有程序模块在导入备份前保存为一个文件	

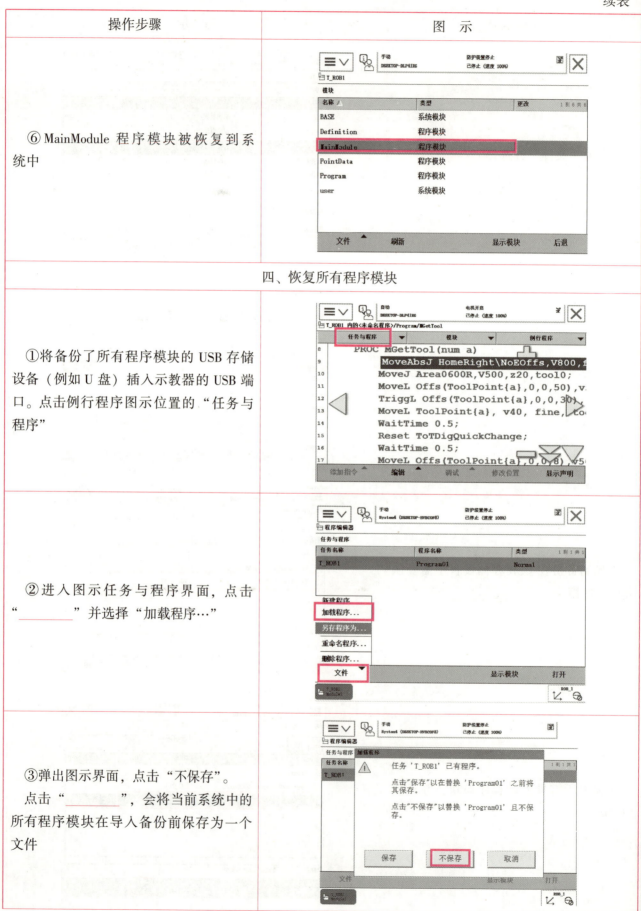

续表

操作步骤	图　示
④弹出图示界面，点击"确定"	
⑤点击界面中的图标，找到备份在 USB 存储设备中的 _____ 文件。 A. 点击可在当前文件夹中创建新文件夹。 B. 点击进入上一级文件夹。 C. 显示当前进入的存放路径	
⑥选中 .pgf 文件，并点击"确定"。USB 存储设备中备份文件夹下的所有程序模块将被导入到工业机器人系统中	

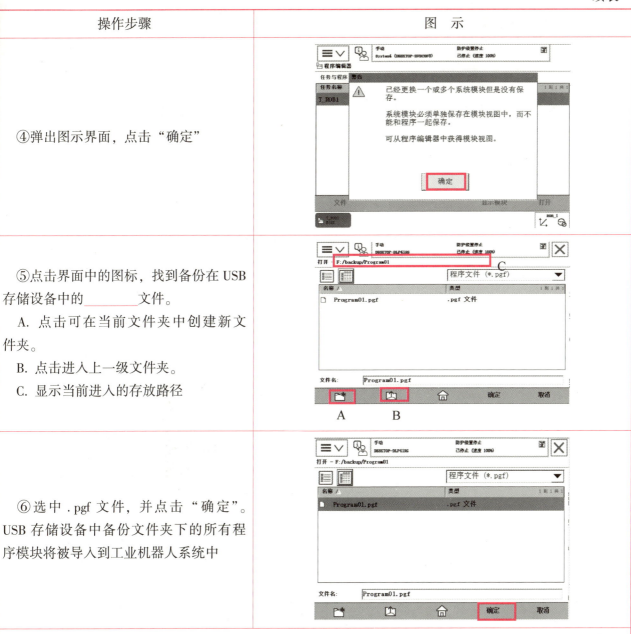

2. PLC 工程文件备份与恢复

（1）PLC 工程文件备份

西门子 S7-1200 CPU 具有两种备份 PLC 程序的方式：一种是"将设备作为新站上传（硬件和软件）"，另一种是"_____"。第一种方法参见机电集成技术初级周边设备维护。

在线设备备份是指在工程文件中创建 CPU 某一时间点的完整备份，可以作为一个恢复时间点，类似于 Windows 电脑操作系统的备份还原点。例如在线调试 PLC 程序的过程中，可以创建多个临时时间点的组态备份，如果在线调试编辑过程中误删了某些程序段，可以及时恢复到备份时间点状态上（这种在线设备备份无法更改或打开），在线设备备份的操作步骤见下表。

PLC 工程文件在线
备份与恢复

续表

操作步骤	图　示
①打开已经创建好的 PLC 项目，选中 PLC1，然后点击"_____"，选择菜单栏下的"_____"	
②在弹出的对话框中点击"开始搜索"	
③搜到 PLC_1 后点击"从设备上传"	
④点击"_____"	

操作步骤	图　示
⑤点开 PLC_1 "＿＿＿＿＿" 可以看到上传成功的 PLC_1 的备份	

注意：进行工程文件的备份与恢复前均需要完成 PLC 与计算的通信硬件连接和通信设置。

(2) PLC 工程文件恢复

西门子 S7-1200 PLC 具有两种恢复 PLC 程序的方式：第一种是"将程序直接下载到 PLC"，第二种是"＿＿＿＿＿＿＿＿＿＿＿＿＿＿"。

将程序直接下载到 PLC，即将 PLC 程序从西门子博途软件下载到硬件 PLC 中。

PLC 程序下载之前需要通过以太网线将 PLC 和计算机都接入到以太网交换机上，并分别为它们设置以太网地址，使它们处于同一个子网中，PLC 程序的下载操作步骤见下表。

操作步骤	图　示
①选中项目中需要下载的 PLC，点击"下载"按钮	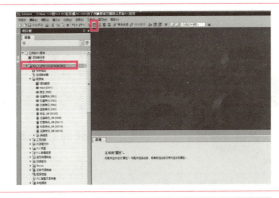
②在弹出的"＿＿＿＿＿＿＿"画面中，点击"开始搜索"	

续表

操作步骤	图示
③选择程序需要下载到的 PLC 设备并点击"_____"	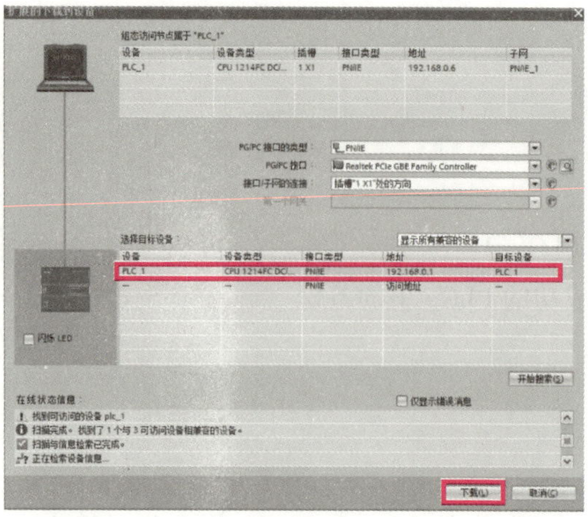
④在弹出的下载预览窗口中,点击"_____"	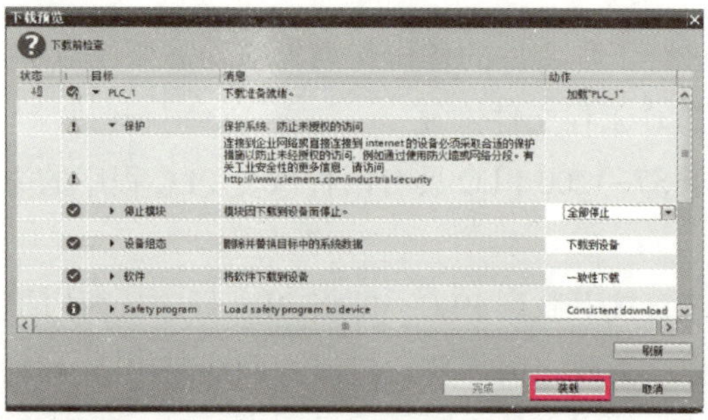
⑤在弹出的下载结果窗口中,点击"完成",完成 PLC 程序的下载	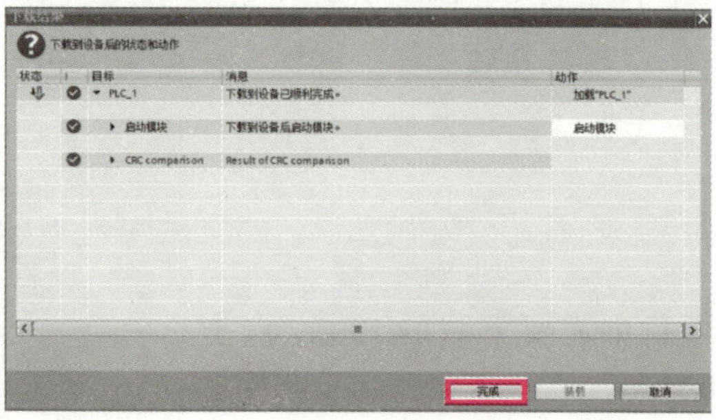

将在线备份下载到 PLC,即将之前创建的 CPU 某一时间点的完整在线备份恢复到 PLC 硬件中,操作步骤见下表。

操作步骤	图示
①选择已完成在线备份的 PLC 项目中的"_____"文件,然后点击"_____",选择菜单栏下的"下载到设备"	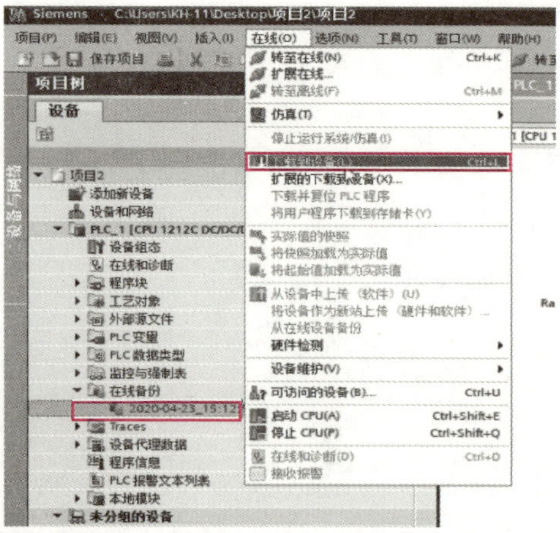

续表

操作步骤	图　示
②点击"＿＿＿＿"将备份程序装载到 PLC 硬件设备中	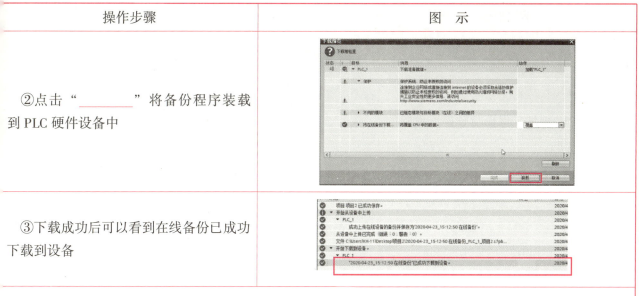
③下载成功后可以看到在线备份已成功下载到设备	

3. 触摸屏工程文件备份与恢复

（1）触摸屏工程文件备份

以下是通过西门子博途软件中自带的"＿＿＿＿＿＿＿"软件对 KTP900 Basic 触摸屏的工程文件进行备份的方法，触摸屏工程文件备份之前需要通过以太网线连接触摸屏和计算机的网口，操作步骤见下表。

触摸屏工程文件备份与恢复

操作步骤	图　示
①在电脑上通过 Windows 开始菜单启动 ProSave 软件	
②打开软件后在"＿＿＿＿"选项卡中选择与硬件一致的设备型号，这里选择"KTP900 Basic"	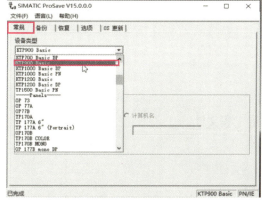

续表

操作步骤	图　示
③修改 IP 地址，保证与触摸屏设备的实际 IP 地址_____	
④选择"_____"选项卡，准备开始备份触摸屏工程文件	
⑤在"_____"中点击"…"按钮，为备份文件选择保存路径并命名文件名称，此处命名文件名称为 hmi，文件会以 psb 的格式保存	
⑥点击"_____"按钮，开始备份触摸屏工程文件	

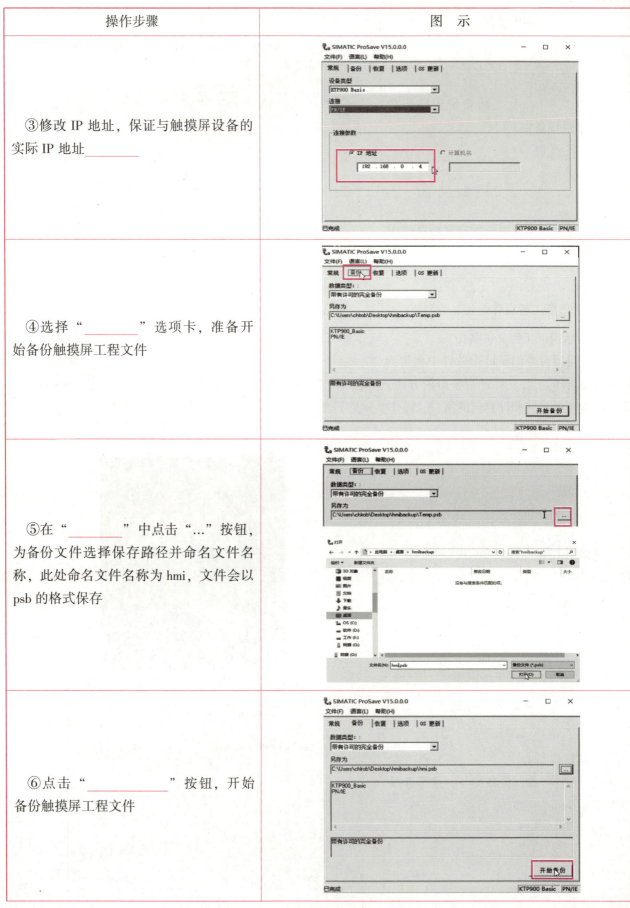

续表

操作步骤	图　示
⑦备份过程中将显示备份进度条	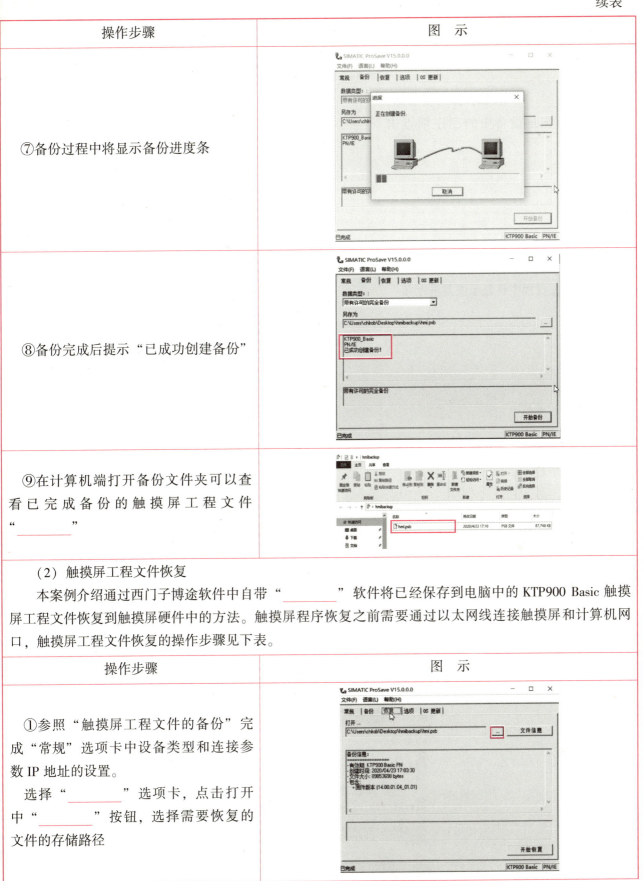
⑧备份完成后提示"已成功创建备份"	
⑨在计算机端打开备份文件夹可以查看已完成备份的触摸屏工程文件"＿＿＿"	

（2）触摸屏工程文件恢复

本案例介绍通过西门子博途软件中自带"＿＿＿＿"软件将已经保存到电脑中的 KTP900 Basic 触摸屏工程文件恢复到触摸屏硬件中的方法。触摸屏程序恢复之前需要通过以太网线连接触摸屏和计算机网口，触摸屏工程文件恢复的操作步骤见下表。

操作步骤	图　示
①参照"触摸屏工程文件的备份"完成"常规"选项卡中设备类型和连接参数 IP 地址的设置。 　　选择"＿＿＿＿"选项卡，点击打开中"＿＿＿"按钮，选择需要恢复的文件的存储路径	

续表

操作步骤	图　示
②点"＿＿＿"按钮，弹出提示框，如确认需要恢复设备中的程序则点击"是"	
③备份恢复过程中将显示恢复进度条	
④触摸屏工程文件恢复成功后，软件提示"恢复成功！"	

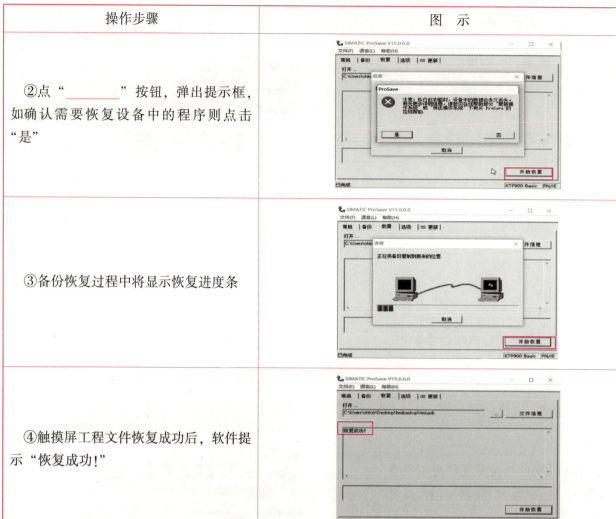

5.1.2　工作站安全机制的触发与恢复

任务实施

1. 工业机器人紧急停止状态复位

工业机器人紧急停止按钮被按下之后，示教器会显示对应的提示信息，如图5-3所示。

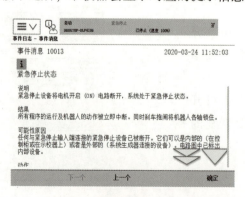

图 5-3　按下紧急停止按钮后示教器提示信息

要想复位工业机器人紧急停止按钮再次启动运行工业机器人，必须释放此按钮，只需将急停按钮顺时针方向旋转大约_____°后松开，按下的部分就会弹起，然后需要按工业机器人控制柜上的上电按钮，如图 5-4 所示，给系统重新上电。

另外需要注意的是在工业机器人紧急停止后，工业机器人停止的位置可能会处于空旷区域，也有可能被堵在障碍物之间。如果工业机器人处于空旷区域，可以选择手动操纵机器人运动到安全位置。如果工业机器人被卡在障碍物之间，在障碍物容易移动的情况下，可以直接移开周围的障碍物，再手动操纵机器人运动至安全位置。如果周围障碍物不易移动，也不能通过手动操纵工业机器人到达安全位置，则可以选择按松开抱闸按钮，然后再手动拖动工业机器人运动到安全位置。利用_____按钮将工业机器人移动至安全位置的操作步骤见下表。

图 5-4　工业机器人控制柜上电按钮

操作步骤	图　示
①一人先托住工业机器人	
②另一人按下"_____"。 注意：此操作需要两人协作，在工业机器人移动到安全位置过程中，需一直按着"制动闸释放按钮"	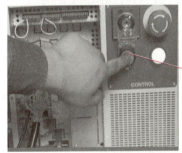　按下制动闸释放按钮
③电机抱死状态解除后，托住工业机器人移动到安全位置后松开"_____"	　松开制动闸释放按钮
④然后松开急停按钮，按下上电按钮，机器人系统恢复到正常工作状态	　上电按钮

2. 工作站紧急停止状态的复位

工作站紧急停止按钮被按下时,工作站的主电源被切断,要想恢复工作站的主电源供电,只需释放工作站紧急停止按钮,将急停按钮顺时针方向旋转大约45°后松开,按下的部分就会弹起,工业机器人系统和工作站的其他单元会重新启动。

任务评价

1. 任务评价表

评价项目	比例	配分	序号	评价要素	评分标准	自评	教师评价
6S职业素养	30%	30分	①	选用适合的工具实施任务,清理无须使用的工具	未执行扣6分		
			②	合理布置任务所需使用的工具,明确标识	未执行扣6分		
			③	清除工作场所内的脏污,发现设备异常立即记录并处理	未执行扣6分		
			④	规范操作,杜绝安全事故,确保任务实施质量	未执行扣6分		
			⑤	具有团队意识,小组成员分工协作,共同高质量完成任务	未执行扣6分		
工作站系统数据和文件的备份与恢复	70%	70分	①	能根据操作手册的要求,进行工作站系统数据(如PLC程序、机器人程序、触摸屏程序)的定期备份、报警信号的识别与清除	未掌握扣30分		
			②	能在工作站发生异常的情况下进行紧急制动、复位等处理操作	未掌握扣20分		
			③	能根据维护手册的要求,进行工作站程序(如PLC程序、机器人程序、触摸屏程序)备份恢复和工作位置误差消除	未掌握扣20分		
合 计							

2. 活动过程评价表

评价指标	评价要素	分数	得分
信息检索	能有效利用网络资源、工作手册查找有效信息;能用自己的语言有条理地去解释、表述所学知识;能将查找到的信息有效转换到工作中	10	

续表

评价指标	评价要素	分数	得分
感知工作	是否熟悉各自的工作岗位，认同工作价值；在工作中，是否获得满足感	10	
参与状态	与教师、同学之间是否相互尊重、理解、平等；与教师、同学之间是否能够保持多向、丰富、适宜的信息交流。探究学习、自主学习不流于形式，处理好合作学习和独立思考的关系，做到有效学习；能提出有意义的问题或能发表个人见解；能按要求正确操作；能够倾听、协作分享	20	
学习方法	工作计划、操作技能是否符合规范要求；是否获得了进一步发展的能力	10	
工作过程	遵守管理规程，操作过程符合现场管理要求；平时上课的出勤情况和每天完成工作任务情况；善于多角度思考问题，能主动发现、提出有价值的问题	15	
思维状态	是否能发现问题、提出问题、分析问题、解决问题	10	
自评反馈	按时按质完成工作任务；较好地掌握了专业知识点；具有较强的信息分析能力和理解能力；具有较为全面严谨的思维能力并能条理明晰表述成文	25	
总 分		100	

任务 5.2　工作站机械故障维修

本任务中将结合智能制造单元系统集成应用平台单元中涉及的典型机械传动机构、工装夹具，进行维护保养以及故障诊断维修。

🔧 任务页——工作站机械故障维修

工作任务	工作站机械故障维修	教学模式	理实一体
建议学时	参考学时共 4 学时，其中相关知识学习 2 学时；学员练习 2 学时	需设备、器材	工业机器人集成设备
任务描述	本任务中将结合智能制造单元系统集成应用平台单元中涉及的典型机械传动机构、工装夹具，使用维护保养以及故障诊断维修方法，完成工作站机械故障维修		
职业技能	4.2.1　能根据工作站维护保养手册，查找机械传动机构故障并维修。 4.2.2　能根据工作站维护保养手册，查找工装夹具机械故障并维修。 4.2.3　能根据工作站维护保养手册，查找气路故障并维修		

5.2.1　机械传动机构故障诊断与维修

任务实施

机械传动机构是指利用机械方式传递动力和运动的传动机构。机械传动机构分为两类：第一类是靠机件间的摩擦力传递动力的摩擦传动机构，包括_____、_____等，第二类是靠主动件与从动件啮合或借助中间件啮合传递动力或运动的啮合传动机构，包括_____、_____、_____等。

工作站中的机械传动机构包括压装单元、执行单元、分拣单元的带传动机构和执行单元的滚珠丝杠传动机构。

1. 同步带故障诊断与维修

智能制造单元系统集成应用平台中压装单元、执行单元都应用了同步带传动，同步带选用的是怡合达的 S5M 圆弧齿同步带，如图 5-5 和图 5-6 所示为压装单元的同步带传动机构，包括同步带、主动带轮、从动带轮和同步带张紧装置。

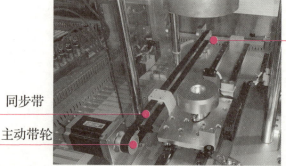

图 5-5　压装单元同步带传动

续表

图 5-6 同步带张紧装置

（1）同步带张紧

①同步带张紧装置调节。

同步带安装时必须进行适当的张紧，使其具有一定的张紧力，从而能够保证同步带平稳地运行。通过调节张紧装置螺钉的松紧程度，可以调节张紧装置_____的位置，如图 5-7 所示，间接调整同步带的张紧力，使张紧力增大或减小。

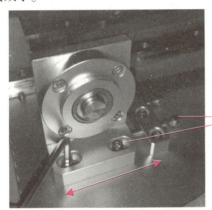

同步带张紧
装置位置调
节螺钉

图 5-7 调节张紧装置位置示意图

②同步带张力测试。

同步带声波式张力仪是精确测量同步带张紧力对应张紧频率大小的仪器。测量的原理是当一个力作用在同步带上会引起同步带振动，张力仪将提取同步带的_____，并显示张紧频率数值。同步带张力仪上带有可弯曲红外线探头，方便多种姿态测量同步带的张紧频率。

（2）同步带和带轮保养

维护保养人员需要了解同步带和带轮的储存条件，对同步带、带轮做好_____检查，检查和保养的内容一般包括以下几个方面：

同步带在储藏时不应_____或急剧弯曲，防止承受过大的载荷而变形，不得折压堆放，不得将带直接放到地上，应将带悬挂在架子或平整地放在货架上。

同步带在储存、运输、使用过程中，应避免阳光直射、雨雪浸淋；防止与酸、卤、有机溶剂、水蒸气等影响产品的物质接触。

同步带应在常温下储存，并远离_____。

同步带轮成品应在干燥和通风的环境中储存和运输，带轮成品应进行_____处理。

带传动装置应加防护罩，并保证通风和_____。

（3）故障诊断与维修

同步带一旦发生故障，会导致整个工艺单元无法正常运行，从而导致整个工艺流程无法运行。常见的同步带故障及维修方法见下表。

续表

序号	故障现象	故障原因诊断	故障排除方法
1	同步带发生传动失稳	同步带的张紧力不足导致摩擦力不够，从而发生_____的情况，磨损增大，丢失传送载荷的能力，导致传动失稳的现象	通过调节同步带张紧螺钉，适当拧紧螺钉，增加张紧力，利用同步带张力仪测量调节后的同步带张紧力，保证张紧力适中
2	同步带破损或发出"bi-bi-bi"噪声	同步带的张紧力过紧，使同步带在使用过程中产生较严重的形变，降低同步带的使用寿命	通过调节同步带张紧螺钉，适当拧松螺钉，降低张紧力，利用同步带_____测量调节后的同步带张紧力，保证张紧力_____
3	同步带有_____现象	橡胶同步带本身是_____的，在有润滑油的情况下容易发生橡胶和张力线绳的脱离，并且橡胶会膨胀使齿面变形，会导致皮带过早损坏	清洁皮带及皮带轮，将抹布蘸少许不易挥发的液体擦拭
4	同步带跑偏	检查同步带两个带轮安装时是否在同一个_____直线上，或者带轮之间是否存在偏角	调节同步带轮的安装位置，保证两个带轮处于同一个水平直线上，并且不存在任何偏角
5	如同步带破损严重或已断裂则直接更换新的同步带。		

2. 滚珠丝杠故障诊断与维修

在工业机器人集成系统中的执行单元应用了滚珠丝杠传动，如图5-8所示，伺服滑台可以沿导轨做直线运动。

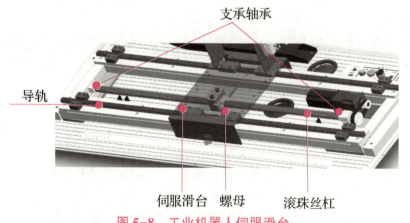

图5-8 工业机器人伺服滑台

（1）滚珠丝杠维护保养

①滚珠丝杠副润滑。

滚珠丝杠在使用前必须采用专用的润滑剂进行润滑，可以提高滚珠丝杠传动机构的耐磨性和传动效率。润滑剂分为_____和_____，润滑脂一般加在螺纹滚道和安装螺母的壳体空间内，而润滑油则经过在壳体上的油孔注入螺母的空间内。如图5-9所示为在滚珠丝杠处均匀涂抹了润滑脂，一般每_____年对滚珠丝杠上的润滑脂更换一次。

续表

图 5-9　滚珠丝杠副润滑

②滚珠丝杠副防护。

滚珠丝杠副需要采用防尘密封装置。如接触式或非接触密封圈，或折叠式塑性人造革防护罩，如图 5-10 所示，以防_____及_____进入丝杠。

图 5-10　滚珠丝杠副防护

③支承轴承的定期检查。

需要定期检查丝杠支承轴承与工作台面的连接是否有_____，以及支承轴承是否有损坏的现象。如有以上现象，应该及时紧固松动部位并更换支承轴承。

（2）滚珠丝杠故障诊断与维修

滚珠丝杠故障的多种多样，有的故障是_____故障，要有一个发展的过程，随着使用时间的增加越来越严重；有的是_____故障，一般没有明显的征兆。滚珠丝杠在使用过程中常见的故障及维修方法见下表。

序号	故障现象	故障原因诊断	故障排除方法
1	滚珠丝杠运行过程中发出噪声	丝杠支承轴承可能破损	如轴承破损，更换新轴承
		丝杠润滑不良	改善润滑条件，使润滑油脂充分润滑滚珠丝杠
		滚珠丝杠副滚珠有破损	更换新的滚珠
2	滚珠丝杠不灵活	轴向预加载荷太大	调整轴向_____和_____
		丝杠与导轨不平行	调整丝杠支座位置，使丝杠与导轨平行
		螺母轴线与导轨不平行	调整螺母座位置
		丝杠弯曲变形	

续表

序号	故障现象	故障原因诊断	故障排除方法
3	滚珠丝杠螺母润滑不良	分油器是否分油	检查_____
		油管是否堵塞	消除污物，使油管畅通
		检查各滚珠丝杠副润滑	润滑油脂充分润滑滚珠丝杠，然后需要移动工作台使螺母润滑充分
4	反向误差大	滚珠丝杠预紧力过紧或过松	_____
		丝杠支座轴承预紧力过紧或过松	修理调整
		缺少_____	调节至各导轨面均有润滑油

5.2.2 工装夹具故障诊断与维修

任务实施

夹具是加工时用来迅速紧固工件，使工件保持正确相对位置的工艺装置。智能制造单元系统集成应用平台中设有多个工装夹具，便于对工件的_____或_____，如图5-11所示。

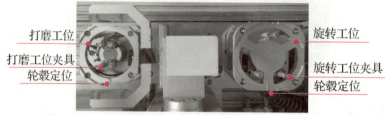

图 5-11 智能制造单元系统集成应用平台工装夹具

为打磨单元的工装夹具，需定期检测其完整性和功能，并制定完整的维护维修方案从而保持工装夹具的功能正常，工装夹具的故障诊断与故障排除方法见下表。

序号	故障现象	故障原因诊断	故障排除方法
1	工件无法准确定位	检查工装夹具的外观完整性，观察定位处的损坏情况，如有损坏将影响工件的定位夹紧，进而影响_____精度	替换工装夹具损坏部件
2	工件夹紧时有误差	先检查工装夹具的紧固状态，检测工装夹具的紧固件是否有松动	如工装夹具上的紧固件有松动现象，需使用专业工具，重新紧固工装夹具
3	工装夹具不能实现预期的夹紧动作	气缸、电磁阀、调速阀损坏	更换电磁阀、调速阀
		气路接线错误	根据气路图检查气路接线是否正常，如接线错误需重新接线
		存在_____现象	如为或漏气原因，重新拔插气管，紧固气路连接
		压缩空气压力值太小	通过调速阀调节气体流量、检测并确保空气压缩机的气路压力值在_____MPa以上

续表

任务评价

1. 任务评价表

评价项目	比例	配分	序号	评价要素	评分标准	自评	教师评价
6S职业素养	30%	30分	①	选用适合的工具实施任务，清理无须使用的工具	未执行扣6分		
			②	合理布置任务所需使用的工具，明确标识	未执行扣6分		
			③	清除工作场所内的脏污，发现设备异常立即记录并处理	未执行扣6分		
			④	规范操作，杜绝安全事故，确保任务实施质量	未执行扣6分		
			⑤	具有团队意识，小组成员分工协作，共同高质量完成任务	未执行扣6分		
工作站机械故障维修	70%	70分	①	能根据工作站维护保养手册，查找机械传动机构（如同步带、滚珠丝杠）故障并维修	未掌握扣30分		
			②	能根据工作站维护保养手册，查找工装夹具（如打磨工位夹具、旋转工位夹具）机械故障并维修	未掌握扣20分		
			③	能根据工作站维护保养手册，查找气路（如打磨工位夹具、旋转工位夹具）故障并维修	未掌握扣20分		
合计							

2. 活动过程评价表

评价指标	评价要素	分数	得分
信息检索	能有效利用网络资源、工作手册查找有效信息；能用自己的语言有条理地去解释、表述所学知识；能将查找到的信息有效转换到工作中	10	
感知工作	是否熟悉各自的工作岗位，认同工作价值；在工作中，是否获得满足感	10	
参与状态	与教师、同学之间是否相互尊重、理解、平等；与教师、同学之间是否能够保持多向、丰富、适宜的信息交流。探究学习、自主学习不流于形式，处理好合作学习和独立思考的关系，做到有效学习；能提出有意义的问题或能发表个人见解；能按要求正确操作；能够倾听、协作分享	20	

续表

评价指标	评价要素	分数	得分
学习方法	工作计划、操作技能是否符合规范要求；是否获得了进一步发展的能力	10	
工作过程	遵守管理规程，操作过程符合现场管理要求；平时上课的出勤情况和每天完成工作任务情况；善于多角度思考问题，能主动发现、提出有价值的问题	15	
思维状态	是否能发现问题、提出问题、分析问题、解决问题	10	
自评反馈	按时按质完成工作任务；较好地掌握了专业知识点；具有较强的信息分析能力和理解能力；具有较为全面严谨的思维能力并能条理明晰表述成文	25	
总 分		100	

任务 5.3　工业机器人系统故障维修

本任务将结合智能制造单元系统集成应用平台中涉及的工业机器人系统、电气设备和气路系统，根据故障现象或产品手册查找故障并排除故障。

知识页——工业机器人系统报警信息识别

1. 工业机器人系统报警信息

ABB 工业机器人系统具备完善的监控与保护机制，当工业机器人和控制器发生故障时，示教器界面会出现故障报警事件日志，用来告知用户出现故障代码、故障信息、以及建议的处理方法，方便设备管理人员对故障进行诊断与维修。通过点击示教上面的状态栏可以显示工业机器人的事件日志，如图 5-12 所示。事件日志中的报警事件类型见表 5-1。

图 5-12　工业机器人事件日志

表 5-1　报警事件类型

图标	类型	描述
i	信息	这些消息用于将信息记录到事件日志中，但是并不要求用户进行任何特别操作
⚠	警告	这些消息用于提醒用户系统上发生了某些无须纠正的事件，操作会继续。这些消息会保存在事件日志中
✕	错误	这些消息表示系统出现了严重错误，操作已经停止。需要用户立即采取行动时使用

2. 工业机器人报警事件消息界面

通过点击具体的报警信息代码可以进入事件消息界面，查看事件消息的详情，如图 5-13 所示，事件消息的组成见表 5-2。

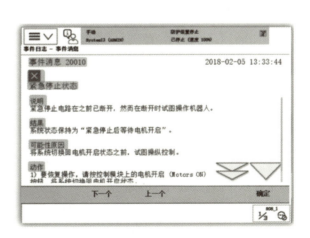

图 5-13　事件消息界面图

表 5-2　事件消息界面的组成部分

序号	事件消息组成部分	说　明
1	编号	事件消息的编号
2	符号	事件消息的类型
3	名称	事件消息的名称
4	说明	导致事件发生的动作
5	结果	事件发生后工业机器人的状态
6	可能性原因	有可能导致事件的原因
7	动作	消除事件影响所需要做的步骤

知识测试

一、判断题

1. 当工业机器人和控制器发生故障时，示教器界面会出现故障报警事件日志，用来告知用户出现故障代码、故障信息、以及建议的处理方法，方便设备管理人员对故障进行诊断与维修。　　　　　　　　　　　　　　　　　　　　　　　　　　　　　　　　　(　　)

2. ABB 工业机器人事件消息界面的组成部分不含有可能性原因。　　　　　(　　)

二、单选题

1. ABB 机器人故障代码编号系列 1XXXX 表示的是什么信息类型？(　　)

A. 操作　　　　　　B. PLC 系统　　　　　C. 硬件　　　　　　D. RAPID 程序

2. ABB 机器人故障代码编号系列 5XXXX 表示的是什么信息类型？(　　)

A. 动作　　　　　　B. I/O 通信　　　　　C. 用户自定义　　　D. 功能安全

3. ABB 机器人故障代码编号系列 11XXXX 表示的是什么信息类型？(　　)

A. 工艺　　　　　　　　　　　　　　　　B. I/O 通信配置

C. 用户自定义喷涂　　　　　　　　　　　D. 功能安全远程服务

任务页——工业机器人系统故障维修

工作任务	工业机器人系统故障维修	教学模式	理实一体
建议学时	参考学时共4学时，其中相关知识学习2学时；学员练习2学时	需设备、器材	工业机器人集成设备
任务描述	本任务将结合智能制造单元系统集成应用平台中涉及的工业机器人系统、电气设备和气路系统，根据故障现象或产品手册查找故障并排除故障		
职业技能	4.3.3 能结合报警代码，查找工业机器人系统电气故障并维修		

5.3.1 工业机器人系统报警信息识别

任务实施

ABB 工业机器人故障信息的代码编号具有一定的规则，根据不同信息的类型和重要程度，ABB 工业机器人的故障代码划分了几类，不同类别的详细说明见下表，操作人员在了解了故障代码编号的分类之后，可以快速查阅"工业机器人故障排除手册"中对应代码的故障解除方法。

故障代码编号系列	信息类型	说明
1XXXX	操作	系统内部处理的流程信息
2XXXX	系统	与＿＿＿＿、＿＿＿＿相关的信息
3XXXX	硬件	与系统硬件、机器人本体以及控制器硬件有关的信息
4XXXX	RAPID 程序	与 RAPID 指令、＿＿＿＿等有关的信息
5XXXX	动作	与控制机器人的移动和定位有关的信息
7XXXX	＿＿＿＿	与输入和输出、数据总线等有关的信息
8XXXX	用户自定义	用户通过 RAPID 定义的提示信息
＿＿＿＿	功能安全	与功能安全相关的信息
11XXXX	工艺	特定工艺应用信息，包括弧焊、点焊和涂胶等 0001-0199 过程自动化应用平台 0200-0399 离散自动化应用平台 0400-0599 ＿＿＿＿ 0600-0699 点焊 0700-0799 Bosch 0800-0899 1000-1200 取放 1400-1499 生产管理

续表

故障代码编号系列	信息类型	说明
11XXXX	工艺	1500-1549 BullsEye 1550-1599 SmartTac 1600-1699 _____ 1700-1749 _____ 1750-1799 Navigator 1800-1849 Arcitec 2500-2599 焊接数据管理
12XXXX	配置	与_____有关的信息
13XXXX	_____	与_____应用有关的信息
_____	RAPID	与RAPID相关的信息
17XXXX	远程服务	远程服务相关的信息

5.3.2 工业机器人系统报警信息排除

任务实施

维护维修人员可以通过ABB工业机器人提供的"操作员手册-IRC5故障排除"手册来查找IRC5控制器系统出现的常见报警故障代码以及故障排除的方法，下面介绍几个常见的报警故障代码以及相应的故障排除方法，具体见下表。

序号	故障代码	故障原因诊断	故障排除方法
1	_____：转数计数器未更新	当转数计数器发生故障，修复后。 在转数计数器与测量板之间连接断开过之后。 在断电状态下，工业机器人的关节轴发生移动时。 在更换伺服电机转数计数器电池之后。 在第一次安装完工业机器人和控制器，并进行线缆连接之后	参照工业机器人产品手册中的步骤对工业机器人重新进行零点校对
2	50028：微动控制方向错误	工业机器人轴位置超出工作范围	使用示教器操纵杆以_____方向移动关节轴

续表

序号	故障代码	故障原因诊断	故障排除方法
3	50296：机械手存储器数据差异	在工业机器人和控制器存储器中非相同的_____或_____。更换机器人（SMB 电路板）或控制器或更改系统参数	通过示教器检查状态，并检查是否已将正确的系统参数（序列号）加载入控制器。检查序列号是否属于与控制器连接的工业机器人。如果不属于，需更换配置文件。 如果使用来自其他工业机器人（序列号不同）的电路板来更换串口测量板，通过示教器清除第一个工业机器人的存储器，然后从控制器向工业机器人传输数据
4	_____：系统故障状态	故障过多时可能导致此状况	使用示教器检查其他事件日志消息，查看同时发生的其他故障信息。 如果一时无法找到原因，可以执行高级重启里面的"恢复到上次自动保存的状态"。如果故障不能恢复，记录开机后的第一个故障，并进行修复
5	_____：紧急停止状态	与紧急停止输入端连接的紧急停止按钮被按下，可能是示教器或控制柜上的紧急停止按钮，也可能是_____	详见紧急停止状态恢复的方法

任务评价

1. 任务评价表

评价项目	比例	配分	序号	评价要素	评分标准	自评	教师评价
6S 职业素养	30%	30 分	①	选用适合的工具实施任务，清理无须使用的工具	未执行扣 6 分		
			②	合理布置任务所需使用的工具，明确标识	未执行扣 6 分		
			③	清除工作场所内的脏污，发现设备异常立即记录并处理	未执行扣 6 分		
			④	规范操作，杜绝安全事故，确保任务实施质量	未执行扣 6 分		
			⑤	具有团队意识，小组成员分工协作，共同高质量完成任务	未执行扣 6 分		

续表

评价项目	比例	配分	序号	评价要素	评分标准	自评	教师评价
工业机器人系统故障维修	70%	70分	①	能结合报警代码，对机器人系统报警信息进行识别	未掌握扣20分		
			②	能结合报警代码，对机器人系统电气故障进行诊断并维修	未掌握扣50分		
合　计							

2. 活动过程评价表

评价指标	评价要素	分数	得分
信息检索	能有效利用网络资源、工作手册查找有效信息；能用自己的语言有条理地去解释、表述所学知识；能将查找到的信息有效转换到工作中	10	
感知工作	是否熟悉各自的工作岗位，认同工作价值；在工作中，是否获得满足感	10	
参与状态	与教师、同学之间是否相互尊重、理解、平等；与教师、同学之间是否能够保持多向、丰富、适宜的信息交流。探究学习、自主学习不流于形式，处理好合作学习和独立思考的关系，做到有效学习；能提出有意义的问题或能发表个人见解；能按要求正确操作；能够倾听、协作分享	20	
学习方法	工作计划、操作技能是否符合规范要求；是否获得了进一步发展的能力	10	
工作过程	遵守管理规程，操作过程符合现场管理要求；平时上课的出勤情况和每天完成工作任务情况；善于多角度思考问题，能主动发现、提出有价值的问题	15	
思维状态	是否能发现问题、提出问题、分析问题、解决问题	10	
自评反馈	按时按质完成工作任务；较好地掌握了专业知识点；具有较强的信息分析能力和理解能力；具有较为全面严谨的思维能力并能条理明晰表述成文	25	
总　分		100	

任务 5.4 工作站电气系统故障维修

本任务将结合智能制造单元系统集成应用平台中涉及的电气设备，根据故障现象或产品手册查找故障并排除故障。

任务页——工作站电气系统故障维修

工作任务	工作站电气系统故障维修	教学模式	理实一体
建议学时	参考学时共 4 学时，其中相关知识学习 2 学时；学员练习 2 学时	需设备、器材	工业机器人集成设备
任务描述	本任务将结合智能制造单元系统集成应用平台中涉及的电气设备，根据故障现象或产品手册查找故障并排除故障		
职业技能	4.3.2 能查找 PLC、触摸屏、伺服控制器等设备故障并维修。 4.3.3 能查找传感器、电机、继电器等设备故障并维修		

5.4.1　PLC 和触摸屏故障诊断与维修

任务实施

1. PLC 诊断及维修

PLC 硬件故障可以较为直观地发现，维修的基本方法就是更换模块，但是盲目地更换 CPU 模块或信号模块会带来不必要的损失，根据故障指示灯，通过故障现象判断故障模块是检修的关键。

（1）CPU 模块故障

西门子 S7-1200 PLC 的 CPU 上带有_____状态指示灯，_____指示灯、ERROR 指示灯、_____指示灯、I/O 通道指示灯，如图 5-14 所示。

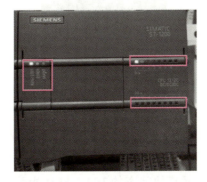

图 5-14　西门子 S7-1200 PLC 指示灯

续表

①STOP/RUN 指示灯。

常亮的橙色和绿色分别表示 CPU 的 STOP 和 RUN 运行模式。_____和_____交替闪烁表示 CPU 正在启动。

②ERROR 指示灯（红色）。

红色闪烁表示有错误，例如 CPU 内部错误，_____错误或_____错误（模块不匹配）。

红色灯常亮表示硬件有问题。

③MAINT 指示灯。

插入存储卡时，MAINT 指示灯闪烁，CPU 切换到 STOP 模式。

用户可以通过指示灯的不同组合状态来判断 CPU 处于那种状态，是正常运行状态还是处于故障状态，见下表。

STOP/RUN（橙色/绿色）	ERROR（红色）	MAINT（橙色）	模块状态及故障诊断
熄灭	熄灭	熄灭	断电
橙色/绿色交替闪烁	-	熄灭	启动、自检测、固件更新
橙色常亮	-	-	_____模式
绿色常亮	-	-	_____
橙色常亮	-	闪烁	取出存储卡
橙色或绿色常亮	闪烁	-	_____
橙色或绿色常亮	-	常亮	维护请求： _____I/O 需要更换电池（如果安装了电池板）
橙色常亮	常亮	熄灭	硬件故障
橙色/绿色交替闪烁	闪烁	闪烁	LED 检测或有问题的 CPU 固件
橙色常亮	闪烁	闪烁	CPU 组态版本未知或不兼容

CPU 还提供了两个可指示 PROFINET 通信状态的 LED，打开底部端子块的盖子可以看到 PROFINET LED。其中，Link（绿色）指示灯常亮表示 PROFINET 通信连接成功，Rx/Tx（黄色）指示灯常亮表示有传输活动，如图 5-15 所示。

图 5-15　指示 PROFINET 通信状态的 LED

（2）I/O 模块故障

数字量信号模块（SM）提供了指示模块状态的 DIAG LED 指示灯，以及 I/O 通道每点数字量信号的状态指示灯。如图 5-16 所示为 SM1221 数字量输入模块。

续表

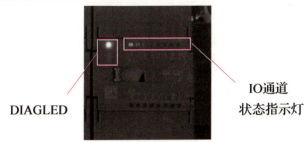

图 5-16　SM1221 数字量输入模块

当指示灯为绿色时表示模块处于正常运行状态，当指示灯为红色时表示模块有故障或处于非运行状态，通过指示灯的不同颜色状态可以诊断 I/O 模块的状态或出现的故障，具体见下表。

DIAG（红/绿）	I/O 通道指示灯（红/绿）	模块状态及故障诊断
红色灯闪烁	红色灯闪烁	—
绿色灯闪烁	熄灭	没有组态或更新在进行中
绿色灯常亮	绿色灯常亮	
红色灯闪烁	—	错误的状态
—	红色灯闪烁	I/O 错误（启用诊断时）
—	绿色灯常亮	I/O 错误（禁用诊断时）

2. 触摸屏故障诊断与维修

本任务以西门子 KTP900 Basic 触摸屏为例，介绍触摸屏的通信、硬件故障诊断与维修方法，以及触摸屏的日常维护保养方法。

（1）触摸屏通信故障诊断与维修

通信故障的原因一般存在多种可能性，需要从软件、硬件两个方面去查找分析故障的原因，触摸屏常见通信故障及诊断维修方法见下表。

序号	故障现象	故障原因诊断	故障排除方法
1	无法通过触摸屏控制外围设备实现所需动作	触摸屏程序编写错误	重新检查触摸屏程序，根据电路图检查触摸屏程序中与 PLC 关联的信号是否正确
		PLC 程序编写错误	重新检查 PLC 程序，根据电路图检查程序中添加的信号是否正确
		通信线路没有接对或接触不良	根据电气图纸重新排除网络通信接线，保证网线接线没有错误、接线没有松动
		同一网络中其他设备的网络组态存在错误	在博途软件中检查设备之间的通信设置，要求站之间的地址不能冲突，且通信协议选择相同
2	通信网线出现破损	网线在布线过程中经过挤压或人为拉扯导致破损	
3	触摸屏 IP 地址出现错误报警	触摸屏 IP 地址与集成系统网络中其他设备的 IP 地址出现重叠	重新设定触摸屏设备的 IP，保证其与集成系统网络中其他设备的 IP 地址不重叠

续表

（2）触摸屏的维护保养

触摸屏的日常维护保养工作主要是保证_____和_____的清洁，可以用清洁剂润湿抹布进行清洁。清洁剂仅限使用_____制剂或_____型屏幕清洁剂，在清洁前要关闭操作设备，以防意外反应。触摸屏的清洁操作步骤见下表。

序号	操作步骤
1	_____
2	将清洁剂喷在清洁抹布上，注意不要直接喷在操作设备上
3	清洁操作设备，清洁屏幕时要从屏幕边缘向内擦拭

（3）触摸屏硬件故障诊断与维修

触摸屏的故障除了通信故障之外，还有可能是硬件方面的故障，由于触摸屏的屏幕是玻璃材质，而且操作人员人手接触触摸屏的次数较频繁，不当操作下的外力因素也可能引起触摸屏的损坏，更换触摸屏屏幕、更换触摸屏电路板等故障都需要维修人员掌握一定的电路原理和专业的维修知识，触摸屏常见的硬件故障及诊断维修方法见下表。

序号	故障现象	故障原因诊断	故障排除方法
1	触摸屏触摸不灵	液晶显示和玻璃对应的按钮等位置偏移造成的	通过触摸屏系统自带的"_____"功能重新校正触摸屏
2	触摸屏屏幕出现破损	操作人员不当的外力操作导致触摸屏破损	联系生产厂家更换触摸屏屏幕
3	触摸屏液晶屏幕没有显示或者显示不正常	触摸屏液晶屏幕老化	联系生产厂家更换触摸屏屏幕
4	触摸屏电路板故障	晶振、外围IC等故障	联系生产厂家维修更换触摸屏电路板

5.4.2 传感器故障诊断与维修

任务实施

1. 视觉传感器故障诊断与维修

视觉传感器作为工作站集成系统中的重要组成部分，其主要故障集中体现为视觉传感器启动时、操作时、测量时和通信时的故障，以及光源相关的故障，下面分别对这些故障及相应的故障排除方法进行详细的介绍。

（1）启动时故障诊断与排除

视觉传感器启动时常见的故障现象及故障排除方法见下表。

序号	故障现象	故障原因诊断	故障排除方法
1	电源指示灯不亮	电源连接不正确	正确连接电源
		电压过_____	调整电压 （DC24V+10%，-15%）

续表

序号	故障现象	故障原因诊断	故障排除方法
2	监视器不显示	监视器电源未接通或关闭	检查监视器电源是否接通，如果关闭了监视器电源，可触摸监视器下的按钮以恢复
		监视器电缆连接不正确	正确连接监视器电缆
3	不显示 FH 画面	相机端没有响应	确认相机连接电缆，再启动及初始化
		数据保存的过程中、场景组切换过程中、通过 USB 存储场景组保存/载入等操作过程中，如果断开电源，或拔出 USB 存储器等，可能导致数据文件损坏	确认是否数据损坏，请与售后联系
4	监视器图像模糊	电源或电缆的＿＿＿＿	排除周边电源和电磁干扰
		监视器电缆连接不正确	正确连接监视器电缆
5	相机图像不显示	镜头盖未打开	打开镜头盖
		相机电缆连接不正确	正确连接相机电缆
		镜头光圈可能调节到＿＿＿＿或＿＿＿＿	调整光圈
		相机快门速度不合适	调整相机快门的速度
6	启动速度慢	启动时连接了＿＿＿＿	调整通信连接方式

（2）操作时故障诊断与排除

视觉传感器操作时常见的故障现象及故障排除方法见下表。

序号	故障现象	故障原因诊断	故障排除方法
1	监视器不显示测量结果	显示了主画面以外的画面	
		打开了各种设定画面	
2	详细结果显示区域中显示"NG（内存不足）"	超出了相机图像输入等特定处理项目数的限制	参照"关于图像输入相关处理项目的使用数量限制"
3	无法保存数据	控制器本体的闪存存储器剩余容量不足	重新启动设备，减少内存使用量，再次执行保存于本体。请进行场景删除、处理单元删除，或调整处理单元的＿＿＿＿或登录的＿＿＿＿等
			将当前的场景组数据保存到 USB 存储器

(3) 测量时故障诊断与排除

视觉传感器测量时常见的故障现象及故障排除方法见下表。

序号	故障现象	故障原因诊断	故障排除方法
1	无法更新显示	STEP 信号的输入间隔较_____	调整 STEP 信号的输入_____
		执行连续测量过程中为了优先考虑测量	调整执行连续测量过程中的选项优先级
2	测量显示 NG	可能将黑白用设定擅自变成彩色用设定	要重新设定,请在输入了图像的状态下,进入设定画面,按后按_____按钮结束
3	判定(JG)值为-10	当场景设定与输入图像不匹配	确认是否在设定为黑白相机用的场景中读取了_____图像

(4) 并行通信时故障诊断与排除

视觉传感器并行通信时常见的故障现象及故障排除方法见下表。

序号	故障现象	故障原因诊断	故障排除方法
1	不接收触发信号(输入信号)	电缆连接不正确	确认各电缆正确连接
		信号线断开	确认信号线是否断开,可在通信确认画面中确认通信状态
		显示了主画面以外的画面	切换到主画面,关闭各种_____画面
2	无法将信号输出到外部设备	未输入触发信号	输入必要的_____信号
		电缆连接不正确	确认各电缆正确连接
		信号线断开	确认信号线是否断开,可在通信确认画面中确认通信状态
		执行了试测量	试测量期间,无法将数据输出到外部设备
3	无法输出 GATE 信号	并行电缆接线是否有错	请在系统/通信/并行/通信确认画面中,切换 GATE 信号的_____,确认接收装置(PLC 等)是否可以识别
		未设定并行判定输出或并行数据输出	数据输出的地方需要设定_____输出或_____输出
		布局设定中未将"输出"设定为开	对每个场景设定是否输出到外部
		并行通信设定(输出周期、输出时间)时间太_____	调整并行通信设定(输出周期、输出时间)时间

续表

(5) 串行通信时故障诊断与排除

视觉传感器串行通信时常见的故障现象及故障排除方法见下表。

序号	故障现象	故障原因诊断	故障排除方法
1	完全无法通信	电缆连接错误	检查各电缆的连接
		外部设备与控制器的通信规格不匹配	在通信确认画面中确认通信状态
2	起初通信正常,但稍后控制器却无响应	缓存已满	确认当前设定是否为可正确接收数据的设定
3	无法保存数据	外部设备与控制器的通信规格不匹配	在通信确认画面中确认通信状态
		在通信规格的设定中未将"流程控制"设定为"无"	将"_____"设定为"无"

(6) 光源故障诊断与排除

光源常见的故障现象及故障排除方法见下表。

序号	故障现象	故障原因诊断	故障排除方法
1	光源完全不亮	在连接电源的状态下,插拔了光源控制器或光源	检查光源控制器及光源的接线
		连接了多个光源	除了要发光的1个光源外,将其他照明的亮度值全部设定为_____
2	始终没有照明	连接了多个光源	除了要发光的1个光源外,将其他照明的亮度值全部设定为_____
3	光源出现误动作	电源的接通顺序不正确	使用外部电源时,需同时接通传感器控制器的电源,或优先接通_____

2. 位置传感器故障诊断与维修

工作站中采用的位置传感器均为_____式的光电传感器,例如仓储单元、分拣单元都使用了光电传感器,通过光电传感器来实现对物体有无状态检测,如图5-17所示为分拣单元分拣道口用于检测有无轮毂的光电传感器。光电传感器在使用过程中常见的故障及维修方法见下表。

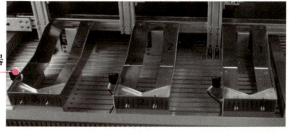

图5-17 分拣单元分拣道口用于检测有无轮毂的光电传感器

续表

序号	故障现象	故障原因诊断	故障排除方法
1	光电传感器无输出信号	供电不正常	给传感器供稳定的电压，供给的电流必须大于传感器的消耗电流
		检测频率太快	被测物体通过的速度必须比传感器的响应速度_____
		被测物体尺寸问题	被测物体尺寸必须_____标准检测物体或者最小检测物体
		被测物体不在传感器稳定检测区域内	适当调整被测物体的_____，必须在传感器稳定检测范围内检测
		电气干扰	布线时与强电的布线分开；如现场存在辐射干扰，在干扰源与传感器之间插入_____的钢板
2	光电传感器检测到物体后没有输出	接线或者配置不正确	检查硬件接线，对射型光电传感器必须由投光部和受光部组合使用，两端都需要供电。回归反射型必须由_____和_____组合使用
		供电不正确	必须给传感器供稳定电源，如果是直流供电，必须确认正负极
		检测物体不在检测区域内	检查物体是否在传感器可以检测的区域内
		传感器光轴没有对准	对射型的光电传感器投光部和受光部光轴必须对准。回归反射型的光电传感器探头部分和_____必须对准
		检测物体不能小于最小检测物体的标准	对射型、反射型不能很好地检测透明物体。反射型对检测物体的_____有要求，颜色越深，检测距离越近
		环境干扰，光照强度不能超出额定范围；现场环境有粉尘	检测周围环境的光照强度，不在日光直射场所下使用；定期_____传感器探头表面
		电气干扰，周围有大功率设备	布线时与强电的布线分开；如现场存在辐射干扰，在干扰源与传感器之间插入_____的钢板

3. 压力传感器故障诊断与维修

智能制造单元系统集成应用平台中的压装单元使用压力传感器和压力值数显仪来对压车标时的压力值进行检测和实时显示，压力传感器故障诊断方法见下表。

序号	操作步骤
1	完成压力传感器的电气接线与通信接线后，上电
2	观察压力传感器操作界面显示屏，若无数显，需要检查传感器的硬件接线，解决故障；若确认硬件接线无问题，连接线缆也无问题，需联系产品售后人员进行维修

续表

序号	操作步骤
3	完成压力传感器的参数设置后,可以进行称重测试,若显示数值与实际估算值差距较_____,则需参照产品手册完成称重参数、校准参数的重新设置
4	如若操作界面显示错误代码,则需参照产品维护保养手册进行故障的排除。

如若压力值数显仪的操作界面显示错误代码,则需按照下表中内容进行故障处理。

序号	故障码	故障原因诊断	故障排除方法
1	Err0	称重信号出错	确保参数"_____"的设定值、DIP1/DIP2拨码位置与实际输入的称重信号相符时,重新上电
2	Err1	RAM故障	更换_____芯片
3	Err2.1 或 Err2.2	EEPROM故障	更换_____芯片
4	Err3	未使用	-
5	Err4	ADC故障	更换ADC模块
6	0V-Ad	信号过大	称重信号超_____转换范围。 检查是否未连接称重传感器。 检查是否称重传感器量程太_____。 检查是否加载重量过_____
7	OL	超载报警	总重>(最大称量+9*分度值)。 检查是否未连接称重传感器; 检查是否称重传感器量程太_____; 检查是否加载重量过_____
8	0V-tr	不满足手动去皮条件	总重处于_____显示,超载报警或动态变化时,"手动去皮"操作无效
9	0V-nZ	超出"零位微调范围"	调整参数
10	tXX.XX	开机预热倒计时	等待_____时间结束或按任意键退出
11	0V-Zr	超出"自动初始置零范围"	参见压力传感器手册参数调整

5.4.3 继电器故障诊断与维修

任务实施

工作站中执行单元、分拣单元均使用到中间继电器,如图5-18所示。

中间继电器是一种电磁继电器,其感测机构都是电磁系统结构,而电磁系统出现的故障主要集中在线圈与动、静铁芯部分,故障的查找和检修的目标应重点放在这些部位。下面以工作站中和泉RJ2S-CL-D24中间继电器为例,介绍中间继电器的常见故障及维修方法,具体见下表。

图5-18 中间继电器

续表

序号	故障现象	故障原因诊断	故障排除方法
1	继电器线圈故障	继电器的线圈绝缘损坏	重新绕线圈
		继电器受_____损伤,形成了匝间短路或接地	
		由于电源过低,动、静铁芯接触不严密,使得通过线圈的电流过_____,造成线圈发热以致烧毁。	
		线圈引出线连接处脱落造成的,使得线圈断路	检查_____,焊接上
2	继电器线圈通电后,衔铁的噪声大	动、静铁芯接触面不平整,或有油污染	取下继电器线圈,锉平或磨平其接触面,如有油污,应进行清洗
		短路、环断裂引起	修理或更换新的短路环
3	继电器线圈断电后,衔铁不能立即释放	铁芯气隙太小	调整_____
		弹簧劳损	更换弹簧
		铁芯接触面有油污	用_____清洗油污

5.4.4 气路故障诊断与维修

任务实施

智能制造单元系统集成应用平台中气源为空气压缩机,为整个工作站供气,工业机器人快换装置、气缸等执行机构的动作均由气动驱动,工作站供气系统如图5-19所示。

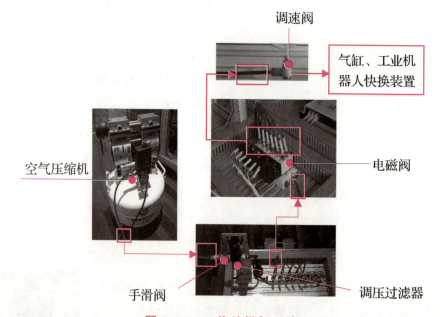

图5-19 工作站供气系统

操作维护人员需定期检测整个集成系统的气路连接稳固性、气动元件是否完好,并制定完整的维护维修方案,从而保持整个工作站气动系统功能正常,常见的气路的故障诊断和故障排除方法见下表。

续表

序号	故障现象	故障原因诊断	故障排除方法
1	气管连接的接口处有损坏	气管产品质量原因	如气管破损，直接更换气管
2	气管漏气	气路连接处气管未插好	如为漏气原因，重新拔插气管，紧固气路连接
3	气路连接相关设备功能异常，如气缸无法实现推出、缩回动作，吸盘刚吸取部件就掉落等	压缩空气压力值太_____	检查空气压缩机是否已打开，工作是否正常，确保空气压缩机的气路压力值在_____MPa 以上
		手滑阀未打开	打开_____
		气缸、电磁阀、调速阀等硬件损坏	更换备件
		气路接线错误	根据气路图检查气路接线是否正常，如接线错误需重新接线

5.4.5 电机系统故障诊断与维修

任务实施

1. 交流伺服电机系统故障诊断与维修

（1）交流伺服电机故障诊断与维修

交流伺服电机原则上是可以不需要维修的，因为交流伺服电机没有易损件，但由于交流伺服电机内含有精密检测仪器，因此当发生碰撞、冲击时可能会引起故障，维修时一般有针对性地对电机作以下检查。

①是否受到任何机械损伤。
②带制动器的电机，_____是否正常。
③是否有任何松动螺钉或间隙。
④是否安装在潮湿、温度变化剧烈和有_____的地方。

（2）伺服驱动器的故障诊断与维修

目前市面上常见品牌的伺服驱动器在使用过程中出现故障时，一般都会在伺服驱动器的液晶显示屏上显示相应的报警代码，维修人员可以根据报警代码到产品故障排除手册中查找相应的故障排除方法。

维修人员在查找故障代码前，首先需要了解故障代码的分类，然后才能快速查阅三菱伺服驱动器故障排除手册解除故障，三菱伺服驱动器几种常见的故障及故障排查方法见下表。

序号	故障代码及现象	故障原因诊断	故障排除方法
1	AL.10 电压不足	电源连接器的连接存在异常	正确连接电源连接器
		电源电压低	重新检查_____电压
		控制电源瞬间停电在 60ms 以上	重新检查电源
		加速时发生，加速时的母线电压不在 DC200V 之上	延长加速时间常数或提高电源容量
		伺服放大器发生故障	更换_____

续表

序号	故障代码及现象	故障原因诊断	故障排除方法
2	AL.16 编码器初始通信异常	编码器电缆存在异常	确认编码器电缆是否断线或短路，如出现以上情况需要维修或更换电缆
		伺服驱动器发生故障	更换_____，确认再现性
		编码器发生故障	更换伺服电机，确认再现性
		周围环境存在异常	确认噪声、周围温度、_____等，根据原因采取相应的对策
		编码器电路脱落	正确连接_____电缆
3	AL.31 电机转速异常	输入指令脉冲频率过高	设定正确的_____频率
		电子齿轮的设定不正确	设定正确的_____
		伺服系统不稳定导致振动	调整伺服增益或者降低负载
		编码器出现故障	更换伺服电机
		伺服电机在加速时达到最大转矩	加大减速时间_____，或者降低负载
4	AL.50 运行时热过载异常	电机电源电缆断线	维修或更换电机电源电缆
		伺服电机的连接错误	正确连接伺服电机_____的接线
		未解除电磁制动器。（电磁制动器有效的状态）	解除电磁制动器
		流过的电流大于伺服驱动器的连续输出电流	确认实际负载率，如负载率过高则降低负载或者增大伺服电机容量
		编码器电缆的连接位置错误	正确连接编码器电缆
		伺服系统不稳定导致共振	调整_____
		伺服驱动器发生故障	更换伺服放大器，确认再现性
		编码器发生故障	更换伺服电机，确认再现性
5	AL.52 滞留脉冲超过报警发生等级	电机电源电缆断线	维修或更换电机电源电缆
		伺服电机的连接错误	确认伺服电机 U/V/W 的接线
		转矩限制值太小	增大_____
		由于电源电压下降，致使转矩不足，伺服电机不能启动	检查电源的容量，更换功率更大的伺服电机
		加减速时间常数小	增大_____常数
		位置环增益过小	将设定值调整到伺服系统能正确运行的范围
		外力导致伺服电机轴旋转	达到转矩的场合，增_____转矩限定值，减_____负载选择输出更大的伺服电阻
		编码器或伺服电机发生故障	更换伺服电机，确认再现性
6	AL.E6 伺服强制停止警告	EM2/EM1（强制停止）变为 OFF	确认 EM2/EM1（强制停止）的状态
		未接入外部 DC24V 电源	接入_____
		伺服驱动器发生故障	更换伺服驱动器，确认再现性

2. 步进电机系统故障诊断与维修

（1）步进电机故障诊断与维修

步进电机在运行中常常发生的故障现象包括启动及运行速度慢、失步、控制绕组接线错误等，步进电机常见故障诊断与故障排除方法见下表。

序号	故障现象	故障原因诊断	故障排除方法
1	启动和运行速度慢	轴承损坏	更换新的_____
		端盖止口与定子外壳不同心	更换新端盖，新端盖止口车削要按外壳止口公差尺寸配车
		转轴变弯	采用调直方法调直弯曲端或更换新轴
2	运行中失步	大惯性负载	采用_____方法用以消除或吸收振荡能量；通过加大负载的摩擦力矩
		原先采用双电源供电的，现改为单电源供电	重新恢复_____供电
3	定子控制绕组开路	引线接头处断	用_____电阻挡位检测，找到故障处，将断开两头漆皮刮掉后拧紧再焊牢，包上绝缘
		焊接处全脱焊	
4	电机过热	轴承损坏、转轴弯曲等机械故障造成定转子相擦而过热	见"启动和运行速度慢"故障现象对应的故障排除方法
		润滑油脂过多或干涸	更换_____、干涸的润滑脂

（2）步进驱动器故障诊断与维修

工作站的压装单元使用了雷赛 DM556S 步进驱动器来驱动步进电机，维护维修人员需要根据"DM556S 数字式两相步进驱动器使用说明书"中故障处理建议来处理相应的故障，下面介绍该步进驱动器常见故障诊断与故障排除方法，具体见下表。

序号	故障现象	故障原因诊断	故障排除方法
1	电机不转	电机不转	正常供电
		电流设定太小	根据电机额定电流，选择合适电流挡
		驱动器已保护	排除故障后，重新上电
		使能信号为低	此信号拉_____或不接
		控制信号问题	检查控制信号的_____和_____是否满足要求
2	电机转向错误	电机线接错	任意交换电机同一相的两根线（例如 A+、A−交换接线位置）
		电机线有断路	检查并接对
3	报警指示灯亮	电机线接错	检查接线
		电压过高或过低	检查_____
		电机或驱动器损坏	更换电机或驱动器

续表

序号	故障现象	故障原因诊断	故障排除方法
4	位置不准	信号受干扰	排除干扰
		屏蔽地未接或未接好	可靠接地
		细分错误	正确设置细分
		电流偏小	适当_____电流
		控制信号问题	检查控制信号是否满足时序要求
5	电机加速时堵转	加速时间太短	适当_____加速时间
		电机扭矩太小	选大_____
		电压偏低或电流太小	适当提高电压或设置更大的_____

3. 变频电机系统故障诊断与维修

(1) 变频电机故障诊断与维修

工作站的分拣单元使用了精研 90YS120GY22 变频电机并配备了相应的变频器，变频电机的调速功能是通过变频器实现的，变频电机常见故障诊断及故障排除方法见下表。

序号	故障	故障原因诊断	故障排除方法
1	电机外壳带电	电机没有接地线	将电机 PE 接地端子接地，使漏电流通过接地线释放到大地
2	电机转动异常	电源电压过低	检测_____、电熔丝以及接线盒处是否有断点
3	用手助力电机正转，用手助力电机反转	U、V、W 三相有一根线断路，造成缺相无法起动	修复_____
4	电机过载	电流大于额定电流	降低_____

(2) 变频器故障诊断与维修

本案例中以分拣单元的三菱 FR-D720S-0.4K-CHT 变频器为例讲解变频器故障诊断与维修方法，同电机驱动器的故障诊断与维修方法类似，维修人员首先需要查看变频器液晶显示屏上的故障报警代码，然后通过《三菱变频器手册》查找故障代码对应的故障原因，最后根据手册中推荐的故障处理措施进行故障排除。

三菱变频器的异常显示大体可以分为以下几种：

①错误信息。

显示有关操作面板或参数单元（FR-PU04-CH/FR-PU07）的操作错误或设定错误的信息，此时变频器并不切断输出。常见的错误信息及故障排除方法见下表。

序号	故障名称及故障代码	故障原因诊断	故障排除方法
1	操作面板锁定 HOLd	设定为操作锁定模式。(STOP/RESET)键以外的操作将无法进行	按(MODE)键_____秒钟后操作锁定将_____

续表

序号	故障名称及故障代码	故障原因诊断	故障排除方法
2	密码设定中 LOCd	正在设定密码功能。不能显示或设定参数	在 Pr.297 密码注册/解除中输入密码，解除密码功能后再进行操作
3	禁止写入错误 Er1	1. Pr.77 参数写入选择设定为禁止写入的情况下试图进行参数的设定值。 2. 频率跳变的设定范围重复时。 3. PU 和变频器不能正常通信时	1. 确认 Pr.77 参数写入选择的设定值。 2. 确认 Pr.31～Pr.36（频率跳变）的设定值。 3. 确认_____与变频器的连接
4	运行中写入错误 Er2	在 Pr.77≠2（任何运行模式下不管运行状态如何都可写入）时的运行中或在 STF（STR）为 ON 时的运行中进行了参数写入	1. 设置为 Pr.77 = ___。 2. 在停止运行后进行参数的设定
5	校正错误 Er3	模拟输入的偏置、增益的校正值过于_____	确认参数 C3、C4、C6、C7（校正功能）的设定值
6	模式指定错误 Er4	在 Pr.77≠2 时并在外部、网络运行模式下试图进行参数设定时	1. 把运行模式切换为"PU 运行模式"后进行参数设定。 2. 设置为 Pr.77 = ___后进行参数设定
7	变频器复位中 Err.	通过 RES 信号、通信以及 PU 发出复位指令时显示；关闭电源后也显示	将复位信号置为 OFF

②报警。
操作面板显示有关报警故障信息，此时变频器并未切断输出，但如果不采取处理措施，便可能会引发重故障。常见的报警及故障排除方法见下表。

序号	故障名称及故障代码	故障原因诊断	故障排除方法
1	失速防止（过电流） OL	①Pr.0 转矩提升设定值过大。 ②Pr.7 加速时间、Pr.8 减速时间可能过短。 ③可能是负载过重。 ④外围设备是否正常。 ⑤Pr.13 启动频率过大。 ⑥Pr.22 失速防止动作水平的设定值不合适	①以_____%为单位逐步降低 Pr.0 转矩提升值，并不时确认电机的状态。 ②延长 Pr.7 加速时间、Pr.8 减速时间。 ③减轻负载。 ④尝试采取通用磁通矢量控制方式。 ⑤尝试变更 Pr.14 适用负载选择的设定。 ⑥可以用 Pr.22 失速防止动作水平设定失速防止动作电流

续表

序号	故障名称及故障代码	故障原因诊断	故障排除方法
2	失速防止（过电压） oL	急减速运行；使用了_____功能（Pr.882、Pr.883、Pr.885、Pr.886）	可以改变减速时间。请通过Pr.8减速时间来延长减速时间
3	PU停止 PS	按下操作面板的(STOP/RESET)键使_____停止	将启动信号置为_____，用(PU/EXT)键即可解除
4	再生制动预报警 rb	①制动电阻的使用率是否过高。②Pr.30"再生制动功能选择"、Pr.70特殊再生制动使用率的设定值是否正确	①延长_____。②确认Pr.30"再生制动功能选择"、Pr.70特殊再生制动使用率的设定值
5	电子过电流保护预报警 rH	①负载是否过大，加速运行是否过_____。②Pr.9电子过电流保护的设定值是否妥当	①减轻负载，降低运行频度。②正确设置Pr.9电子过电流保护的设定值
6	维护信号输出 nr	Pr.503维护定时器的值比Pr.504维护定时器报警输出时间设定的值大	Pr.503维护定时器中写入"_____"就可消除该信号
7	电压不足 Uu	电源电压是否正常	检查电源等电源系统设备

③轻故障。

出现轻故障时变频器并不切断输出，使用参数设定时也可以输出轻故障信号。常见的轻故障及故障排除方法见下表。

故障名称及故障代码	故障原因诊断	故障排除方法
风扇故障 Fn	使用装有冷却风扇的变频器时，冷却风扇因故障而停止或者转速下降、又或者执行了与Pr.244冷却风扇动作选择的设定不同的动作时	可能是_____故障，需要与生产商联系

④重故障。

出现重故障时，保护功能动作将切断变频器输出，输出异常信号。常见的重故障及故障排除方法见下表。

续表

序号	故障名称及故障代码	故障原因诊断	故障排除方法
1	加速时过电流切断 E.OC1	①急加速运行。②用于升降的下降加速时间过_____。③存在输出_____、接地现象。④失速防止动作是否合适。⑤再生频度过_____	①延长_____时间。（缩短用于升降的下降加速时间。）②启动时"E.OC1"总是点亮的情况下，尝试_____。如果"E.OC1"仍点亮，请与经销商或本公司联系。③确认接线是否正常，确保无输出短路及接地发生。④将失速防止动作设定为合适的值。⑤在 Pr.19 基准频率电压中设定基准电压（电机的额定电压等）
2	加速时再生过电压切断 E.OU1	①加速度是否太缓慢。（在升降负载的情况下下降加速时等）。②Pr.22 失速防止动作水平是否设定的_____于无负载电流	①缩短_____时间。使用再生回避功能（Pr.882、Pr.883、Pr.885、Pr.886）。②把 Pr.22 失速防止动作水平设定的高于_____负载电流
3	变频器过载切断 E.THT	①加减速时间是否过短。②转矩提升的设定值是否_____。③适用负载选择的设定是否与设备的负载特性相符。④电机可能在过载状态下使用。⑤环境温度是否_____	①延长加减速时间。②调整转矩_____的设定值。③根据设备的负载特性进行适用负载选择的设定。④_____负荷。⑤将环境温度控制在规格范围内
4	电机过载切断（电子过电流保护）E.THM	①电机可能在_____状态下使用。②电机选择参数 Pr.71 适用电机的设定是否正确。③失速防止动作的设定是否适当	①减轻_____。②恒转矩电机时把 Pr.71 适用电机设定为恒转矩电机。③正确设定_____动作
5	散热片过热 E.FIN	①周围温度是否过_____。②冷却散热片是否_____。③冷却风扇是否已停止（操作面板是否显示）	①将周围温度调节到规定范围内。②进行冷却散热片的清扫。③更换_____

续表

序号	故障名称及故障代码	故障原因诊断	故障排除方法
6	输入缺相 E.ILF	①3 相电源的输入用电缆断线。②3 相电源输入的相间电压不平衡过____	①正确接线。对断线部位进行修复。②3 相输入电压不平衡较大时,设定 Pr.872＝"____"（无输入缺相保护）
7	输出缺相 E.LF	①接线不正确（电机是否正常）。②可能使用了比变频器容量____的电机	①正确接线。②确认____输出缺相保护选择的设定值
8	CPU 错误 E.CPU	变频器的周围可能存在产生过____噪声干扰的设备	变频器周围有产生过大的噪音干扰的设备时,采取抗噪音干扰措施
9	超过输出电流检测值 E.CdO	输出电流超过了 Pr.150 输出电流检测水平中设定的值时启动	确认____输出电流检测水平,Pr.151 输出电流检测信号延迟时间,Pr.166 输出电流检测信号保持时间,____输出电流检测动作选择的设定值
10	模拟输入异常 E.AIE	端子 4 设定为电流输入,当输入 30mA 或以上的电流或有电压输入（7.5V 或以上）时显示	电流输入指定为频率指令,或将 Pr.267 端子 4 输入选择以及电压/电流输入切换开关设定为电压

任务评价

1. 任务评价表

评价项目	比例	配分	序号	评价要素	评分标准	自评	教师评价
6S 职业素养	30%	30 分	①	选用适合的工具实施任务,清理无须使用的工具	未执行扣 6 分		
			②	合理布置任务所需使用的工具,明确标识	未执行扣 6 分		
			③	清除工作场所内的脏污,发现设备异常立即记录并处理	未执行扣 6 分		
			④	规范操作,杜绝安全事故,确保任务实施质量	未执行扣 6 分		
			⑤	具有团队意识,小组成员分工协作,共同高质量完成任务	未执行扣 6 分		

续表

评价项目	比例	配分	序号	评价要素	评分标准	自评	教师评价
工作站电气系统故障维修	70%	70分	①	能查找PLC、触摸屏、伺服控制器等设备故障并维修	未掌握扣30分		
			②	能查找传感器、电机、继电器等设备故障并维修	未掌握扣40分		
合　计							

2. 活动过程评价表

评价指标	评价要素	分数	得分
信息检索	能有效利用网络资源、工作手册查找有效信息；能用自己的语言有条理地去解释、表述所学知识；能将查找到的信息有效转换到工作中	10	
感知工作	是否熟悉各自的工作岗位，认同工作价值；在工作中，是否获得满足感	10	
参与状态	与教师、同学之间是否相互尊重、理解、平等；与教师、同学之间是否能够保持多向、丰富、适宜的信息交流。 探究学习、自主学习不流于形式，处理好合作学习和独立思考的关系，做到有效学习；能提出有意义的问题或能发表个人见解；能按要求正确操作；能够倾听、协作分享	20	
学习方法	工作计划、操作技能是否符合规范要求；是否获得了进一步发展的能力	10	
工作过程	遵守管理规程，操作过程符合现场管理要求；平时上课的出勤情况和每天完成工作任务情况；善于多角度思考问题，能主动发现、提出有价值的问题	15	
思维状态	是否能发现问题、提出问题、分析问题、解决问题	10	
自评反馈	按时按质完成工作任务；较好地掌握了专业知识点；具有较强的信息分析能力和理解能力；具有较为全面严谨的思维能力并能条理明晰表述成文	25	
总　分		100	

项目评测

项目五　工业机器人集成系统维护与维修工作页

项目知识测试

一、选择题

1. 某型号工作站中打磨单元的工装夹具如图 5-20 所示，当打磨工位的工装夹具不能实现预期的夹紧动作时，采取(　　)措施一定无法达到排除故障的目的。

图 5-20　打磨单元的工装夹具

　　A. 更换电磁阀　　　B. 更换调速阀　　　C. 减小空气压力值　　　D. 紧固气路连接

2. 西门子 S7-1200 CPU 具有两种备份 PLC 程序的方式：一种是"将设备作为新站上传（硬件和软件）"，另一种是"在线设备备份"。在线设备备份是指在工程文件中创建(　　)的完整备份，可以作为一个恢复时间点，类似于 Windows 电脑操作系统的备份还原点。

　　A. CPU 某一时间点　　　　　　　　　　B. 远程模块某一时间点
　　C. CPU 所有运行时间段内　　　　　　　D. 远程模块所有运行时间段内

3. 工业机器人系统中的(　　)优先于任何其他工业机器人的控制操作，当按下按钮时会断开工业机器人电机的驱动电源，停止所有运转部件，并切断工业机器人运动控制系统及存在潜在危险的功能部件的电源。

　　A. 电机开启按钮　　B. 制动闸释放按钮　　C. 紧急停止按钮　　　D. 使能器按钮

4. 根据故障指示灯以及故障现象判断故障模块是 PLC 设备检修的关键。例如西门子 S7-1200 PLC 的 CPU 上的 ERROR 指示灯处于(　　)状态时表示 PLC 硬件存在问题。

　　A. 橙色常亮　　　B. 绿色和橙色交替闪烁　　C. 绿色常亮　　　　D. 红色常亮

5. 造成滚珠丝杠发生故障的原因是多种多样的，下列选项中最不可能导致滚珠丝杠不灵活的是(　　)。

　　A. 丝杠润滑不良　　　　　　　　　　　B. 轴向预加载荷太大
　　C. 丝杠与导轨不平行　　　　　　　　　D. 丝杠弯曲变形

6. ABB 工业机器人和控制器发生故障时，示教器界面会出现故障报警事件日志，用来告知用户出现故障代码、故障信息以及建议的处理方法，方便设备管理人员对故障进行诊断与维修。下列选项中，与系统功能、系统状态相关的信息编号序列是(　　)。

　　A. 1XXXX　　　　B. 2XXXX　　　　C. 3XXXX　　　　D. 4XXXX

7. 下列哪项内容不是设备的操作手册中的必备内容(　　)。

　　A. 日检表　　　　　　　　　　　　　　B. 故障诊断与鉴别
　　C. 维修作业的性质和频率　　　　　　　D. 产品的功能定位

续表

二、多项选择题

1. ABB 工业机器人和控制器发生故障时，示教器界面会出现故障报警事件日志用来告知用户出现故障代码、故障信息以及建议的处理方法。事件日志中的报警事件类型包括(　　)。

  A. 更新信息　　　　B. 警告信息　　　　C. 错误信息　　　　D. 确认信息

2. ABB IRB120 工业机器人的关节一轴、二轴、三轴处均设有机械停止装置，目测检查机械停止装置时，出现哪些情况需要进行更换(　　)。

  A. 弯曲　　　　　B. 松动　　　　　C. 损坏　　　　　D. 有油垢

3. 为保证设备的平稳运行，在完成电气安装后，需要使用万用表对设备的电源环境进行检查。检查的内容包括(　　)。

  A. 应检查线路是否存在短路情况。

  B. 应检查线路是否存在虚接及松动现象。

  C. 应检查线路是否存在裸露在外部的端子。

  D. 完成电气安装之后经验判断没问题的情况下可以直接上电。

三、判断题

1. 滚珠丝杠在使用前必须采用专用的润滑剂进行润滑，可以提高滚珠丝杠传动机构的耐磨性和传动效率。(　　)

2. ABB 工业机器人紧急停止状态复位时，只需将紧急停止按钮弹起复位即可。(　　)

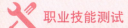

职业技能测试

一、工业机器人集成系统维护

1. 工业机器人系统备份

使用 U 盘备份工业机器人系统并存储至桌面"考核结果"文件夹中，以"robot+准考证号"命名备份文件，如"robot123456"。

2. 视觉检测系统模板文件备份

使用 U 盘完成在场景 2、场景 1 的视觉检测模板备份，并将备份文件存储至桌面"考核结果"文件夹中，以"vision+准考证号"命名备份文件，如"vision123456"。

参 考 文 献

［1］龚克崇，盖仁栢．设备安装技术实用手册［M］．北京：中国建材工业出版社，1995．

［2］吴卫荣．气动技术［M］．北京：中国轻工业出版社，2005．

［3］宋成芳，魏峥．计算机辅助设计 SolidWorks［M］．北京：清华大学出版社，2010．

［4］谷德桥，胡仁喜，等．SolidWorks2011 中文版机械设计从入门到精通［M］．北京：机械工业出版社，2011．

［5］赵显日．三维特征建模在机械设计与制造中的应［D］．锦州：辽宁石化职业技术学院机械技术系，2018．

［6］张春芝，钟柱培，许妍妩．工业机器人操作与编程［M］．北京：高等教育出版社，2018．

［7］张春．深入浅出西门子 S7-1200 PLC［M］．北京：北京航空航天大学出版社，2009．

［8］GB 11291.2—2013 机器人与机器人装备工业机器人的安全要求第 2 部分：机器人系统与集成．

［9］GB 11291.1—2011 工业环境用机器人安全要求第 1 部分：机器人．

［10］GB/T 20867—2007 工业机器人安全实施规范．

［11］北京华航唯实机器人科技股份有限公司．工业机器人集成应用（ABB）中级［M］．北京：高等教育出版社，2021．